里山料理ノオト

江南 和幸

おらが世や
そこらの草も
餅となる

喜多川歌麿作　（1920年代の小型版複製版による）
おらが世や…　　　小林一茶（文化11：1814年）

表紙挿絵：著者による写生（表紙：上からコバノガマズミ、ナツハゼ、シモコシ　裏表紙：上からヤマノイモ（ムカゴ）、ニガイチゴ）

> 本書の挿絵について：本書で用いた挿絵の植物画は、写真起こし（すべて筆者撮影）の記載のものを除き、すべて筆者による現物の植物の写生による。多くは滋賀県内で採取した植物である。ただしキノコだけは、採取して一晩も置けば、もはや原型をとどめないものも多く、すべて、筆者が大津市周辺の里山で撮影した写真を絵に起こしたものを用いた。

幸福の第一のそして広く認められている条件とは
人間と自然との関係を乱すことのない生活、
すなわち
広い天空のもと、
陽光と新鮮な大気とにつつまれて、
大地と草木と生き物とともにある生活を
おくることである。

　　　　　　　　　　　　　レフ・トルストイ

　トルストイが生まれ、82年の生涯の大部分の60年余りを過ごした、Yasnaya Polyana（森の中の明るい草地）の風景を描いたアルバム Zdesi zhil i rabotal Lev Tolstoy（ここにトルストイは生き、仕事をした）, Shchebakov, (Izobrazitelnoe Iskusstovo ,1978, Moskva）の冒頭のトルストイの言葉をロシア語から訳したものである。出典は、同書中には示されていないので、詳しくは不明であるが、おそらくトルストイが Yasnaya Polyana での毎日の生活を記した日記の中の一節と思われる。

緒言

　和食がめでたく世界文化遺産に認定され、寿司が世界を席巻し、フランス料理のシェフが日本の「だし」の勉強にやってくる。日本の食文化はお祭り騒ぎの中にある。異なる文化の交流により、互いの国の文化が豊かになるのは大歓迎である。しかし、その一方で、経済のグローバル化の名の許に、異質な文化を排除し、「世界統一基準」なる幻影の経済指標を振りかざし、数百年、数千年にわたり先祖から受け継がれた固有の文化、食材、そのもとになる作物を破壊し、消滅させるモノカルチュアー化が食料生産の中にも進行している。

　今、グローバル資本は工業経済モデルの少品種大量生産と効率化とを、農業に強制し、世界の作物資本による大量の遺伝子組み換え作物の氾濫、種苗資本による不稔の（次世代に生命が受け継がれない）F1（一代雑種）作物種子の独占と強制とにより、地域の伝統の作物を地球上から消滅させ、その作物に基礎を置いた食文化を破滅のふちに追いやっている。世界資本の原理に基づくこれらの行為は、人類の文化の退廃と破壊に他ならない。和食文化の中にこの流れが侵入し、和食文化が破壊されるのは時間の問題である。いや、すでにそれは侵入している。大量にハウス栽培される、季節を問わない多数の野菜は、日本の農業自体がすでに、私たちの家庭の食卓を歪めていることを物語っている。

　豊かな自然と四季の変化とにより、食事の中に「四季」を演じる和食が、1年中手に入る「季節」のない作物に占領され、それを後押しする遺伝子組み換え作物とF1作物とに侵され、和食文化の根本である「季節の命を頂くこと」が食文化の中から消滅したら、それは最早「和食」ではない。日本料理は、季節ごとにメニューが異なるが、これを演出するのが四季ごとに異なる植物の恵みをもとにし

た、変化に富む豊かな野菜である。この季節を演出する野菜も、今ではスーパーマーケットで一年中キウリやトマトが売られ、われわれの家庭料理から季節が失われてしまった。われわれの生活から季節のなくなった今では、山菜料理は季節を直接知ることができる最高の贅沢になってしまった。しかしかつて日本では野の糧、山の幸である食べられる野草・山菜は広く家庭の料理から割烹店の料理に使われる基本素材であった。

　私たちの祖先は、萌え出た若菜を摘み、料理にしつらえ、巡ってきた春を寿いだ。そこには、科学の名のもとに巨大資本に奉仕する遺伝子工学の産物である遺伝子組み換え作物などでは決して味わえない、植物の春の命が詰まっている。人びとはそれをつつましく頂いて自らの春の命のもととした。つつましく、自然とともに暮らす私たちの習慣は、それほど遠い存在ではない。1945年敗戦後の食料難の時代に小学生となった筆者でさえ、生まれ育った東京郊外の野原で、ノビルを採り、セリを摘み、田の水路でドジョウを捕まえ、夕べのお膳に持ち帰ったものである。これらの知恵は教科書からではない。親から、近所の大人たちからの伝授であり、それらもまた、江戸の市民が生み出した一大文化である、季節を詠み季節を知る俳句に象徴される、自然とともに生きた江戸時代の人びとの知恵を受け継いだものであった。このような人びとの中の「文化の伝統」がなければ、「文化」としての「和食」など、一握りの好事家の集まる高級料亭のみみっちい小皿の中のほそぼそとした「絶滅危惧種」に成り果てていたであろう。庶民の中になお、「四季」を味わう食文化があったことこそ、「和食」が生存し続けた大きな要因である。

　それでは、市販の食料から季節を半ば奪われてしまった私たちが四季を味わうにはどうしたらよいのであろうか。龍谷大学理工学部への赴任が縁となり、湖と山とが身近にあり、農業地域とともに多

くの里山が残る地方都市大津に移り住み、そこにはるか40年前の小学生の時代の東京郊外の風景を見出し、野、田の畔、川の土手、そして殊に里山に溢れる、「四季の恵み」を発見した時の喜びはたとえようがない。

　農民詩人、小林一茶の句
　　　「おらが世やそこらの草も餅となる」
　これを自分の手で確かめようと始まった、子供の頃の「実験」の新たな20年間の再実験が教えてくれたことは、野と里と山に溢れる「四季の恵み」こそ、わたしたちを元気にする命の源であり、失われて久しい四季を味わう源という事実であった。とはいえ、今脚光を浴び熱い視線を集める里山が、あらたな資本主義的「価値」を生み、それにより人びとが経済活動を全うできるわけではないことは明らかである。しかしそこには、人びとが、資本が用意するプログラムによらない自由な思いのもと、自らの手で喜びを見出し、遊び、資本のくびきとは無縁の「価値」を生む「仕掛け」に溢れている。「里山料理」は、「食べる楽しみ」までもが「資本のプログラム」に囲い込まれて、自ら楽しむ自由を奪われている現代人の「自由」を取り戻す「仕掛け」といえる。人びとがささやかではあるが、「四季折々の命」をいただき、自分たちの食べ物の中に「季節」を取り戻す自由を見出すとき、ついには行き場を失った現代の金融資本主義の壁の向こうにある、「自由」―広い天空のもと、陽光と新鮮な大気とにつつまれて、大地と草木と生き物とともにある生活をおくる「幸せ」―を見つける一歩となるに違いない。

　どうか野に出て、里山をめぐり、「四季」を大切にしてきた私たちの先人の知恵と文化とを、自らの身体の経験：自ら探し、料理し、食べること、を通して学んで頂きたい。

目　次

　緒言 ……………………………………… 3

◆春の百くさ

1　ナズナ・スカシタゴボウ ………… 10
2　セリ科植物 ……………………………13
3　ノビル …………………………………17
4　フキ …………………………………… 20
5　タンポポ ………………………………22
6　ヨメナ ………………………………… 25
7　ハルノノゲシ ………………………… 26
8　ヤブカンゾウ ………………………… 27
9　ツリガネニンジン …………………… 30
10　カキドオシ ……………………………31
11　クレソン（オランダガラシ）・オオバタ
　　ネツケバナ ………………………… 33
12　ウバユリ ……………………………… 35
13　ギボウシ ……………………………… 36
14　ドクダミ ……………………………… 37
15　モミジガサ …………………………… 40
16　ワラビ …………………………………41
　【ひと口メモ①・②】 ………………… 43
17　スギナ（ツクシ） …………………… 44
18　ウワミズザクラ ……………………… 46
19　ヤブツバキ …………………………… 48
20　クサギ ………………………………… 50
21　タカノツメ …………………………… 52

22　コシアブラ …………………………… 54
23　ヤマウコギ …………………………… 56
24　タラノキ ………………………………57
25　マタタビ ……………………………… 59
26　ハチク …………………………………61

◆初夏〜真夏

27　ツルアジサイ・イワガラミ ………… 65
28　ウド ……………………………………67
29　アカザ・シロザ ……………………… 69
30　ヤブカンゾウの花 …………………… 70
31　イワナシ ……………………………… 72
32　キイチゴを楽しむ …………………… 73
33　ビワ ……………………………………77
34　アカメガシワ ………………………… 79
35　マタタビ虫癭 …………………………81

◆秋の恵み

36　エゴマ・レモンエゴマ ……………… 85
　【ひと口メモ③】 ……………………… 87
37　ヤマボウシ …………………………… 88
38　サルナシ・ウラジロマタタビ ……… 89
39　コバノガマズミ・ガマズミ・ミヤマ
　　ガマズミ ……………………………91
40　ナツハゼ ……………………………… 93
41　ツクバネ ……………………………… 95
42　ヤマノイモ（ムカゴ）・オニドコロ … 96
43　サンカクヅル・エビヅル …………… 98

コーヒーブレイク ……………………… 100

◆冬の野山
44 サネカズラ（ビナンカズラ） ………… 103
45 フユイチゴ・ミヤマフユイチゴ ……… 104
46 シャシャンボ ……………………… 105
付録❶有毒植物 ……………………… 106

◆キノコの誘い
47 アミガサタケ ……………………… 113
48 ヤナギマツタケ …………………… 115
49 アミタケ …………………………… 117
50 ヌメリイグチ・チチアワタケ ……… 118
51 ヌメリコウジタケ ………………… 121
52 コガネヤマドリ …………………… 123
53 アカヤマドリ ……………………… 124
54 ホオベニシロアシイグチ ………… 125
55 キクバナイグチ …………………… 126
56 ハタケシメジ ……………………… 127
57 カワムラフウセンタケ（フウセンタケ）
　　　　　　　　　　……………………… 128
58 アカモミタケ ……………………… 129
59 ハツタケ …………………………… 130
60 ベニウスタケ ……………………… 132
61 シモコシ …………………………… 134
62 ヒラタケ（カンタケ） ……………… 136
63 エノキダケ ………………………… 140

64 アラゲキクラゲ …………………… 141
65 キクラゲ …………………………… 143
付録❷韓国の山菜文化 ……………… 145
付録❸毒キノコ ……………………… 146
付録❹江戸時代の農学者・本草学者による
「食べられる山菜」書 ……………… 148
3.11 福島第一原子力発電所メルトダウンと
東北地方山菜・キノコ文化の崩壊 ……… 150
あとがき ……………………………… 152
文献 …………………………………… 155
INDEX　本書掲載調理レシピ ………… 157

春の百くさ

京都大徳寺紫野若菜摘み：都林泉名勝図会より

　　よもぎつむ春しづかなるのになれてあだしわざなきさとの少女子
　　　　　　　　　　　　　　　　　　　　　　　　　　　大隈　言道

　春の七草の中には今ではこれが食べられるものか？と首をかしげるものもある。春の野は七草に限らず、実は美味しい草がいっぱいである。それこそ百くさである。その中で、思いがけず美味しい春の草を食べてみよう。
　まだ水を張っていない田にはセリ、ナズナが芽を出し始め、あぜ道にはタンポポが咲き始める。春の野原は花だけが嬉しいわけではない。出始めたばかりの草の芽は、これから草の命を育てるための栄養がギュッと詰まっている。その栄養を少しおすそ分けして貰う。それが春の摘み草。
　この絵は江戸時代寛政11年(1799)刊の「都林泉名勝図会」[1]に載る京都大徳寺紫野の若菜摘みを描いたもの。今では忘れられて久しい春の摘み草は、子供も大人も待ちわびた春をなによりも身体で感じる、嬉しい遊び始め。

ナズナ・スカシタゴボウ

ナズナ　アブラナ科ナズナ属 *(Capsella bursa-pastoris)*
ペンペングサの名で親しまれるナズナ。
通名は果実の袋の形が三味線のばちに似ていることから（2月24日）。

七草粥の定番を美味しく食べる

　春の七草の二番目のナズナ草も、七草粥に刻んで入れる今の料理法ではさっぱりその美味しさが見えてこない。アブラナ科に共通の十字型の白い花を茎の下から順々に咲かせる。

　スカシタゴボウは、スカシタ・ゴボウではなく、スカシ・タゴボウで、その白い根が小さな草に似ず太く、ゴボウに似ること、田んぼなど、水の多い場所に生えること、根生葉の切れ込みが深く、ゴボウと違って透けているからの名づけと思われる。ナズナに似ているが、花は黄色でナズナより小さくやや固まって咲く。また実は三味線の撥とならず、小さなナタネの実といった形となる。葉は深く切れ込み、ナズナと違い毛はない。生のままではやや辛みがあり、小型のカラシ菜といったところであるが、茹でれば辛みもなくなり、ナズナに劣らず美味しい。料理はナズナと共通。

ナズナ・スカシタゴボウ

スカシタゴボウ
アブラナ科イヌガラシ属 *(Rorippa islandica)*
(2月3日)。

野草のあれこれ

● 詩経に載った薺(なずな)

(以下、白川　静「詩経国風」、平凡社東洋文庫、目加田　誠「新釈詩経」、岩波新書　による)

　世界最古の詩集である詩経は、紀元前840〜621年に及ぶ、305編に及ぶ中国の古代歌謡である。古代中国各国の歌謡を集めた「国風」は、「大雅」、「小雅」の朝廷の音楽の詩と違い、男女の恋の歌、別れの歌、戦役に夫を取られて嘆く妻の歌、など民衆の声を歌う詩を多く集める。そこには、主題を引き起こす「興」として、山川草木鳥獣虫魚など、すべて身の回りの物事が現れる（目加田）。だからと言って、これらの「詩を『多く鳥獣草木の名を識る』博物学の教科のように規定するのは、……末節的なものである」（白川）という。とはいえ、それらの鳥獣草木はまた、2700年前の人びとが身近に接していた自然を歌の中に残した貴重な記録でもある。

　さて、ナズナは、「国風」のうちの「邶風」に載る「谷風」（谷の風）に、夫をほかの女に取られて家を出る女が、わかれた夫の新しい妻との生活を、「其甘如薺」（その甘いことは薺(なずな)のようです）と歌ったところに現れる（白川）。

　薺の若芽のような甘い新婚生活を送ったのは、はたして何時であったのか。春の七草を食して思い起こすのもまた、草摘みの一興であろうか。

まだこの花がペンペングサにならない、つまり実ができる前の若いものを採って、そのまま食べてみれば、思いがけないその美味しさにびっくりする。冬の田に生えるロゼット*は、少し葉が固いが、よく茹でれば美味しく食べられる。宮崎安貞[2]は、あつもの、和え物、ひたしものとして食べることを薦めている。

【料理法】若菜の胡麻和え・くるみ和え

もっとも簡単には和えものを薦める。

[作り方]

❶ ナズナ、スカシタゴボウの若芽200g程度を熱湯で軽く茹でて、冷やしてから水をよく絞って若芽を2cm程度の長さに刻み、淡口醤油と少量の粉末だしとで、下味をつけておく。

❷ これに白ごまをすり鉢、または簡単な擂り器で擂ってから、下味をつけた若菜に振りかけて、よく混ぜていただく。
ごまの代わりに、オニグルミ(ナッツ売り場で簡単に入手できる菓子くるみでもよい)の実を細かく刻み、くるみ和えにすれば、さらに深い味となる。

ナズナのくるみ和え

山が近い地方都市では、少し山奥に入ればオニグルミが一杯拾える。胚乳を取り出して、細かく刻んで、茹で上げて下味をつけたナズナに和えれば、胡麻和えよりも濃厚な味のくるみ和えとなる。オニグルミが手に入らなければ、市販の菓子くるみを使ってもよい。

【料理法】豆腐の白和え

[作り方]

❶ 木綿豆腐を電子レンジで温めて水を切って、細かいふるいで裏ごしをしておく。

❷ 豆腐半丁に塩小さじ1/4、砂糖小さじ1/4、昆布だし粉末1g(1/5袋)、香り付けに淡口醤油小さじ1/2、好みにより米酢小さじ1の割合のだしに、裏ごしした豆腐に入れて、豆腐の塊が十分なくなるまですり鉢でよく擂る。

❸ この豆腐ソースを下ごしらえした若菜とほどよく混ぜて出来上がり。

※豆腐ソースの量は好みによるが、若芽100gならば、豆腐1/4丁分ほどでよい。

ナズナを茹でて、2〜3cmほどに短く切りそろえて、よく絞り豆腐のソースと和えれば、ナズナの白和えが出来上がる。

*ロゼット…陽の光をいっぱい受けようと地面に葉を広げる冬越しの多年草・越年草の姿をロゼットとよぶ。

２　セリ科植物

　セリ科植物は毒草も数多くあるが、世界中で香草として、セロリ、パセリ、コリアンダー、ディルなどが広く使われ、また薬草としても大変有用な植物である。日本でも古くから、山菜、また薬草として多くのセリ科植物が知られているが、ここでは身近なセリ科の野と山の菜を紹介しよう。

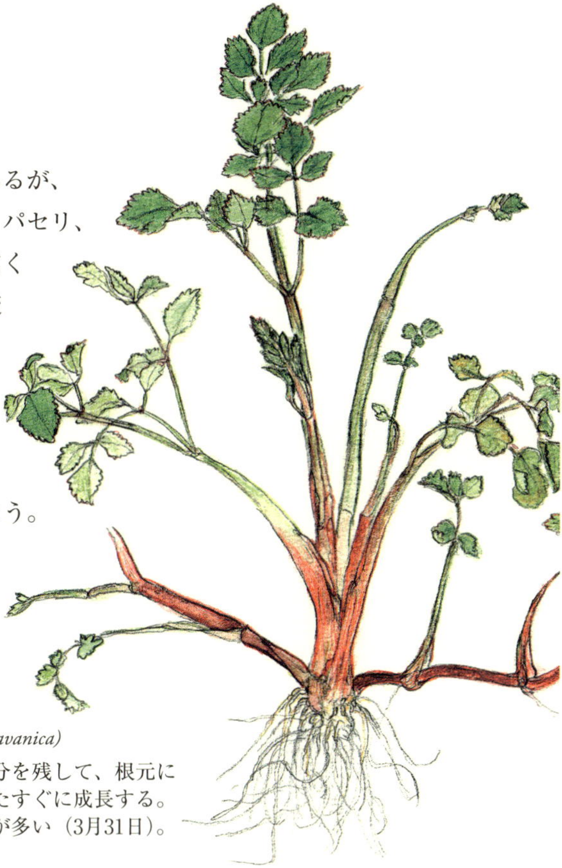

セリ　セリ科セリ属 *(Oenanthe javanica)*
根元にランナーが走る。この部分を残して、根元にナイフを入れて採取すれば、またすぐに成長する。茎の下部は図のように紅いものが多い（3月31日）。

　まず最初に春の七草の筆頭のセリを紹介しよう。セリは野菜となって栽培品が出回っているが、野のセリの香りにかなう栽培品はない。3月の末から4月の半ばまでは、せいぜい野のセリを楽しみたいものである。セリの近縁のドクゼリ *(Cicuta virosa)** は全草猛毒でセリと誤って食べると大変というわけで、野のセリはあまり摘まれることもなく、これも春の田や川べりでは、セリが伸びほうだいの光景にぶつかる。セリは図のように、根元にイチゴと同じようにランナーとも呼ばれる、走出枝が必ず出る。草丈もドクゼリと違い低く、根元には、ドクゼリと違って節はない。これを覚えておけばドクゼリと間違うことはない。

＊ドクゼリは、後掲の有毒植物の項（108ページ）に詳しく説明する。

セリ科植物

シャク　セリ科シャク属 *(Anthriscus sylvestris)*
図はすでに花が咲き始めであるが、
食べるには花が咲く前の方が、茎も柔らかく美味しい（4月8日）。

　シャクは水辺から少し湿った山道にたくさん生える美味しいセリ科の山菜である。

　ニンジンの葉によく似た葉を根元からたくさん出して、ニンジンよりも大株となる。4月になると、小さな傘型に集まった白い花をたくさん茎の頭に咲かせる。本種は山の渓流などに多いが、近畿地方では琵琶湖岸の湖岸林や、そこから続く野原や比叡山、湖北、湖西の山、さらに京都北山などの山道にもたくさん生える。もっと利用したい山菜のひとつである。同じセリ科のヤブニンジン *(Osmorhiza aristata)* との見分け方が少し難しいが、ヤブニンジンはセリ科の芳香はなく臭い。葉が少し広く先端がやや丸いこと、大きな株にならず茎も細いこと、花がまばらにつく、などで慣れればすぐに分かる。

セリ科植物

ミツバ　セリ科ミツバ属 *(Cryptotaenia japonica)*
ちょうど食べごろの野生のミツバ（4月12日）。

　ミツバは野生の植物がそのまま特に品種改良もされずに野菜となった、日本固有の蔬菜である。いたるところの谷道や山裾にたくさんのミツバが生えるが、山歩きのグループがミツバを摘んでいる光景に出合うことはまれである（知らないということは、植物にとっては幸いであるが）。沢沿いの道を少しずつもらって歩けば、帰るまでには夕食や次の朝の味噌汁の実に余るほどである。鋭いナイフで根元のところでしっかりと切って、太い根を残すことが次の収穫を確保するマナーである。群落があれば、1〜2株もらい移植するとよい。あふれる生命力に以後は坪庭でも毎年香りを楽しめる。

野草のあれこれ

● **ミツバによく似た植物**

　野にはミツバによく似たキンポウゲ科の植物のウマノアシガタ（観賞用に八重咲としたものをキンポウゲという）、キツネノボタン、また水辺にはタガラシ、山裾にはオトコゼリなどが生える。これらは有毒植物であるので間違えないこと。見分けるのは草の香りである。キンポウゲ科の植物には決してセリ科特有の香りがない。また花は中型5弁であり、黄色である。セリ科の花のように小型の白い花の集合（傘形）ではないので、花時によく見分けて、植物全体の姿を覚えておくことが肝心である。山にミツバに似た、セリ科のウマノミツバが生える。葉・茎に毛もあり、香も少なく、食べるほどのものではない。

春の百くさ

セリの料理法、おひたし・味噌汁の実・鍋物の具

　栽培品の「野菜」のセリは水耕栽培品が大量に入荷する関東地方では、ちょっとした贅沢として、セリのおひたしをよく食べる。関西では古くから京都の湧水を利用したセリ栽培があったが、今ではそれも途切れて、一握りの束として売られているだけで、しかも高価で、日常のお膳に上ることはまだ少ない。せいぜいお正月の雑煮の椀に香を入れる程度である。しかし、田んぼが広がる地方都市では、冬の田にいくらでもセリが生える。これを見逃す手はない。冬の田に生えるセリのロゼットの根元に丁寧にナイフを入れて根を残して切り取り雑煮の椀に入れて初春を祝う。春になれば、草丈も伸び立派な蔬菜の姿になるので、これも根元から丁寧に切り取って、たくさん集めたセリを贅沢に、おひたし、汁の実、鍋物に入れてせいぜい利用したい。＊ドクゼリは、有毒植物の項（108ページ）を参照。

シャクの料理法

①和え物、鍋物の具、汁の実、卵とじの具

　冬からロゼットを出してそこから立ち上がる茎は、やや赤紫色をした、太いみずみずしい見るからにおいしそうな山菜で、セリ科特有の香りがする。鍋物に入れたり、汁の具にするとよい香りが立つ。

　大きくなった葉、茎はやや固いので、花の咲く前、花穂を包んで出たばかりの中心の若い芽を、茎の根元から摘み取って、さっと茹でて、和えもの（胡麻和えが手軽で、お薦め）、卵とじ、汁の実にする。さわやかな香りの料理が出来上がる。

②サラダ、サンドイッチの具

[作り方]

❶ さわやかな香りは、勿論サラダにもよい。花が咲く前のつぼみを抱いた先端10cmばかりを摘み取って、洗って水切りをして、粗く刻んでハム、茹で卵などと一緒にサラダの具の一つとして入れると、美味しい。

❷ また、フランスパンのブール、バゲットなどの厚切りのサンドイッチを作るときにハムの間に柔らかい穂先をはさめば、ハムの味と、フランスパンの小麦の香りと、シャクの香との絶妙のハーモニーを楽しめる。

ミツバの料理法

　万能の蔬菜なので、どのような料理にも合う。味噌汁、汁ものの香りの他、たくさん採れたらさっと茹でてお浸しにする。これも冬の里山のふちに出るロゼットを摘んで、正月の雑煮のお椀に入れれば、春から元気をもらう。少し固い茎の部分は掻き揚げに混ぜればよい。卵とじ、茶碗蒸しにも無論うってつけである。

③ ノビル

ノビル ネギ科ネギ属 *(Allium grayi)*
ユリ科から独立してネギ科ネギ属となった（2月15日）。

　ノビルは、野蒜という字の通り、野に生えるニンニクという意味で、1 cmほどの鱗茎をもつ、はかた万能ねぎのような草である。禅寺の山門に立つ、「葷酒不許入山門：くんしゅさんもんにいるをゆるさず」の標語にある、葷（生臭物）の五葷（ニンニク、ノビル、ニラ、ネギ、ラッキョウ）のひとつでもある。およそ日本全土どこにでも生える雑草であるが、野菜となって商品化されているワケギと同様に、貝類と一緒にヌタにする料理が普通に推薦される。

　昔といっても最近でも、地方によってはこの草を「こじき葱」といって、貧乏人しか食べない卑しい草としていたと聞く。冒頭の一茶の俳句の前書に「月をめで花にかなしむは、雲の上人の事にして」とあるという[4]。ノビルもまた、上つ方たちの膳には上らぬが、本当のところは和えものや汁の実、かきあげなど、どのような料理にもあう美味な健康食品である。

ノビルを美味しく食べるには

採ってきたノビルは、根を切り取り外側の葉から順に丁寧に剥いで、葉先の枯れた部分もカットしておく。採取の際の注意は下記を参照のこと。これをよく洗い、たっぷりの湯でゆがいて、3〜4cm程度にカットしておく。

【料理法】ノビルの味噌和え

第一には、軽く茹でてから酢味噌和え（ぬた）にすること。アサツキに似るがより野趣に富む料理となる。アサリ、貝柱などとの相性もよい。

鱗茎は別にカットしておくと食べるときに便利。

［材料基準量］
茹でたノビル…80g
小粒ホタテ貝（湯どおししておく）…40g
● 酢味噌：西京みそ…50g
　　　　　三温糖…30g
　　　　　米酢…30mℓ
を混ぜて小鍋で加熱しておく。
小鉢にこれらを盛りつけ、食べるときに混ぜる。

また沢山のノビルをざくざくと切り、熱い味噌汁にざっと入れ火を止めてすぐに味わう。春の香りいっぱいの美味しい味噌汁である。ただし鍋物には、葱の臭いがきついので好みが分かれるところ。鱗茎はニンニクというより、むしろラッキョウに近い。

野草のあれこれ

● ノビルを採るときの注意

野草・山菜を戴く時に、そこに生えるものをただむやみに採ればよいのではない。生育する場所を荒らさないこと。植物の生態をよく学び、また次の年に楽しめるように全部を採らないこと。採った後、その周りを丁寧に埋め戻しておく、などなどを心がけたい。

ノビルを採るとき、地下の鱗茎まで採取することが多いが、根絶やしにならないように取り方に十分注意すること。まずその場所のノビルを全部採ることをしない。鱗茎を全部採取しないで、必ず半分以上残す。

採集の時に群の内に半分ほどの鱗茎を残しておくと翌年また楽しめる。

また堀あげた鱗茎の脇には、必ず栄養繁殖のための珠芽があるので、それを丁寧に外して、掘り採った場所に埋め戻すこと。

【料理法】ノビルの鱗茎（球根）の即席ノビル漬け

　ここでは少し違った料理ノビルの鱗茎の料理を紹介しよう。鱗茎がたくさん採れたら軽く茹でてあく抜きをした後、少量の砂糖を入れた酢で軽く煮て保存すると、即席の「ノビル漬け」が出来上がる。

［材料基準量］
鱗茎…250g
米酢…150mℓ
砂糖…小さじ2
塩…小さじ1/2

［作り方］
❶酢に砂糖、塩を入れて煮立たせ、そこへノビル珠を入れて、少し珠が透明になりかかかったら火を止めてできあがり。
❷ラッキョウの酢漬けと味も一緒の美味しい即席"ラッキョウ漬け"ならぬ"ノビル漬け"である。ビンに入れてよく蓋をして冷蔵庫に保存する。

頂いてきた鱗茎を切り離して、よく洗ってごみを除く。

鱗茎の底の部分は、固いので、次のように包丁で注意深く切り取る。

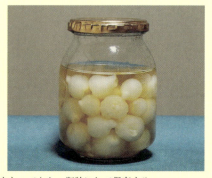

上のレシピの通りの分量のお酢で軽く煮て、粗熱をとってから、瓶詰にして保存する。
ノビルの珠の色がほどよく透明になり、固い皮が柔らかくなったら出来上がり。
1週間ほどで美味しいノビル漬けとなる。冷蔵庫で6ヶ月以上保存可能である。ただしあまり茹ですぎないこと。

4 フキ

フキ　キク科フキ属 (Petasites japonicus)
開いたばかりのフキの薹（3月4日）。

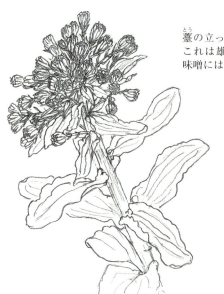

薹（とう）の立ったフキの花（4月6日）
これは雄花の薹である。フキ味噌にはこれで十分。

花は薬とし、みそとし、漬けものとす

　フキの薹はあまりに有名で、いまさら説明する必要もないであろう。古くから蔬菜として利用されていたもので、宮崎安貞の農業全書でもその栽培を奨励している。「花は薬とし、みそとし、漬物とす」と当時の利用法が記されている。

　まずは農業全書の薦めるフキ味噌で春一番の香りと苦みとをしっかりと味わってみよう。

【料理法】フキ味噌

　図左にあるようなまだつぼみが立っていないフキの薹でも、もちろん十分美味しいフキ味噌ができるが、薹が立って花芽が伸びてしまったフキの薹（左ページ図下）でも十分美味しいフキ味噌ができる。この方が本数にすれば経済的である。

[材料基準量]
フキの薹…100～150g
米味噌＋白味噌…合計200g
三温糖…100g
ミリン…大さじ1杯
粉末だしのもと…少々

[作り方]
❶まずフキの薹を茹がいて、水に半日程晒して苦みを適度に抜いておく。
　多くの人が、茹でた後、水であくを抜かずに調理をして苦味に閉口する。この調理法で苦味をとれば、美味しいフキ味噌ができること請け合いである。
❷同量の白味噌（西京味噌）と米味噌との合わせ味噌（減塩の手作り味噌が入手できたら米味噌だけでもよい）に、味噌の総量の半分程度の三温糖を混ぜ、ミリンで溶いてから弱火にかける。
❸砂糖が溶けて味噌全体が緩んだら、そこに茹でてさらしたフキの薹をよく絞って、細かく刻み、少量の油で手早く炒めたものを入れて、フキが味噌全体に充分回るようにしたら出来上がり。甘味と味噌の分量はお好みで。なお薹のたったものの方が柔らかい茎を有効に使えるので、まろやかなフキ味噌となる。

【料理法】フキの若葉の醬油炊き

　山菜のフキは、太くて長い栽培品とは異なり、細い軸にやわらかな葉をつける。よくハイキングの麓の店で〈やまふき〉と称して葉を落とした軸を束ねて売っているが、もったいないことである。葉と茎を一緒に醬油炊きにすれば、立派な料理となる。

[材料基準量]
〈生のフキ…500gに対して〉
日本酒…1/2カップ
ミリン…1/4カップ
濃口醬油…50～80㎖
水…2カップ
粉末カツオだし…4g(1袋)のだし汁

[作り方]
❶山麓に普通に生える野生のフキが採れたら、葉と茎とを一度茹がいて、一晩水につけてあくを出す。
❷よく絞って、細かく刻んで（葉と茎とを別々に刻むと食べる時に便利）、刻んだ葉と茎をだし汁で煮る。
❸好みにより上の分量に対して、梅干3粒程を刻んで加えてもよい。
　煮汁が余ったら、捨てずに保存すれば、他の煮もののだしとして使える。

5 タンポポ

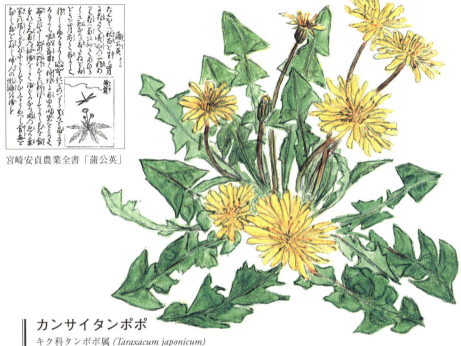

宮崎安貞農業全書「蒲公英」

カンサイタンポポ
キク科タンポポ属 *(Taraxacum japonicum)*
萼片は反り返らない（4月10日）。筆者撮影の写真から描き起こし。

　江戸時代の最大の農学者である、宮崎安貞の著書「農業全書」（元禄9年：1696年刊）の「菜之類」第17に蒲公英：たんぽぽは「田の畔、畠の端に、多少によらず植えるべきである」と推奨する「野菜」であった。

　同書によれば、「味は少し苦甘いが、葉を茹で、ひたし物、和え物、汁などに料理するよい。是を食べれば便秘をよく治す。食中毒を防ぎ、ストレスを散じ、婦人の乳癰を治す」と絶賛する。

　こんなに有用なタンポポを、現代の私たちはすっかり忘れ、ただの雑草扱いである。日本中にはびこる西洋タンポポ (*T.officinale*) は札幌農学校のアメリカ人教師が野菜として持ち込んだものが全国に広がったとされるが[3]、食べる蔬菜として侵入してきたことは面白い。ただし、日本に生える西洋タンポポは硬いので、柔らかい各種在来種の日本のタンポポがお薦めである。

タンポポ

タンポポの下処理

　初花をつけたカンサイタンポポのロゼット（写真下：ロゼットの紅い葉は紫外線から身を守るため。これもそのまま食べられる）。柔らかいタンポポのロゼットを根元から切り取りよく洗い、一晩水に漬けて網かごにあげて水をきっておく。

【料理法】タンポポと豆腐厚揚げの炊き合わせ

[材料基準量]
前処理したタンポポ若葉…生で500g程度
厚揚げ中…4枚（大ならば2枚程度）よく油抜きした方が味のバランスがよい。
- だし汁：日本酒…1/2カップ
　　　　　ミリン…1/4カップ
　　　　　淡口醤油…1/4カップ
　　　　　濃口醤油…1/4カップ
　　　　　水…2カップ半
　　　　　粉末かつおだし…2g
　　　　　粉末こんぶだし…2g

[作り方]
❶持ち帰った葉の根元は1cmほどカットする。全体を良く洗ってから水に一晩さらす。水を切り、よく水を絞っておく。
❷別に油抜きした豆腐厚揚げを一口大に切ったものを用意しておく。最初に厚揚げを上のだし汁で良く煮て味をしみこませておく。
❸その中にざっと刻んだタンポポを入れて煮あげてできあがり。伸びすぎて少し固いもの、また苦味の強いタンポポは一度軽く茹でて、水に半日ほどさらしたあとよく水を絞って使う。

野草のあれこれ

● タンポポをとるときの注意

　なるべく花の咲く前の若い大株がよい。根元までよく探って、そこにナイフを入れて株ごと切り取る。根は残しておけば、また芽を出して再生する。採取した現場で、ごみ、枯れ葉、花とその茎、根元の小さなつぼみを全部除いておく。これをおいしく食べるには…

春の百くさ

タンポポ

【料理法】タンポポのサラダ

[作り方]

❶ サラダには柔らかい日本のタンポポ（近畿地方の在来種はカンサイタンポポ）の方が美味しい。根元を切り取って綺麗にしたタンポポの葉を一晩水にさらした後、ざるにあげてよく水を切っておく。

❷ タンポポだけだと、ただほろ苦い葉だけとなるので、タンポポの分量の1〜2割（目分量でよい）程度のタマネギ薄切りを加えると良い。このほか、野草料理に徹するには、カキドオシの若葉（31ページ）を細かく刻んだものをトッピングするとすばらしい香りのサラダとなる。野生のセリ、野生のミツバ、水辺のクレソンなど他の香味山菜を混ぜれば、一層味がひきたつ。

❸ ソースにはマヨネーズも手軽ではあるが、自家製のフレンチドレッシングが良く合う。自家製のドレッシングを作る時に、タマネギのすり下ろしたものを加えれば、上のタマネギの薄切りは必要ない。

[フレンチドレッシング]
サラダオイルまたはグレープシードオイル…100㎖
穀物酢…100㎖
塩一つまみ、コショウ一振りを混ぜてよく振る。

タマネギの薄切りを混ぜて、フレンチドレッシングをかければ美味しいタンポポのサラダが出来上がり。若いタンポポロゼットのサラダは、苦みも少なく早春のご馳走。

野草のあれこれ

● ヨメナとムコナ

普通にヨメナと呼ぶのは、中部地方以西に分布する種で、東日本にはカントウヨメナ（*K.pseudoyomena*）が分布する。ヨメナは嫁菜で、嫁の食べる野菜は雑草で十分という意味にもとれるが、一方婿菜（ムコナ）という野草もある。こちらはシラヤマギク（*Aster scaber*）という秋に山裾などによく見かける白い花を咲かせるキク科植物で、葉がざらざらして美味しい野草ではない。嫁も婿も新入りは苦労をさせられた名残か。

⑥ ヨメナ

ヨメナ
キク科ヨメナ属 *(Kalimeris yomena)*
ヨメナの若芽（3月31日）。

秋のヨメナの花（8月10日）。

　ヨメナ若芽を根元からナイフを入れて丁寧に採る。食べるのはせいぜいこのぐらいまでの若芽。ヨメナは田の畔など湿気のある場所に生える、通称ノギクである。葉はざらつかず、花はひと茎に1〜2花で花茎も細い。

【料理法】ヨメナの白和え
［作り方］
❶若芽を熱湯で3分ほど茹でて、しばらく水にさらした後よく絞っておく。茹でたヨメナ100g（よく絞った時の分量：生葉のヨメナの約半分となる）を適当に刻み（あまり細かく刻まないように）、豆腐の白和えのソースに入れて混ぜればできあがり。
❷この他に、ゴマ和え、汁の実、など、春の香りのヨメナは、和食ならばどれにも合う。豆腐の白和えのソースの作り方は、ナズナの項と同じ。

春の百くさ

⑦ ハルノノゲシ

ハルノノゲシ
キク科ノゲシ属 *(Sonchus oleraceus)*

ハルノノゲシの春の花（4月7日）。
食べるのは開花前がよい。
いずれにしろ茎を食べる。

　ハルノノゲシは、1年中花を見せるキク科の雑草である。2年草であるが、早くも真冬にロゼットを広げて、小さな茎を持ち上げて花を咲かせるためである。料理には春に茎を立ち上げたばかりの柔らかいものが適している。

【料理法】ハルノノゲシの茎と鶏肝との炊き合わせ

［材料基準量］
ハルノノゲシの茎…200g（処理済みのもの）
鶏肝…300g（前処理の済んだ鶏肝を、下のだし汁で煮立てる）
●だし汁
　醤油…1/4〜1/3カップ（好みにより量を調節する）
　日本酒…1/2カップ
　ミリン…1/4カップ
　水…1.5カップ
　粉末かつおだし…2g

［作り方］
❶茎を摘んでみて下の方の柔らかいものを選んで摘み取る。開花前の4月中頃までのものが良い。茎を適当な長さに切り、皮をむき、筋を丁寧に取る。これを水に半日ほど漬けて乳液を除く。
❷鶏肝は肝、心臓のまわりの脂肪を除いて、半分ほどに切り、水を張ったボールに入れて血抜きを十分にあくを除くために、十分湯で洗う。
❸作っておいただし汁でまず鶏肝を煮て、十分味がついたところで、ハルノノゲシの茎を入れて茎が柔らかくなるまでよく煮る。
好みにより、ワカメ、よく水に戻したキクラゲを加えても良い。

⑧ ヤブカンゾウ

ヤブカンゾウ
ワスレグサ科ワスレグサ属
(Hemerocallis fulva var. kwanso)

ヤブカンゾウの春の若葉（3月30日）。
一重咲のものはノカンゾウ
(Hemerocallis longituba) で、山地に生える。
どちらも最新のDNA分類で、
ユリ科から独立し、
ワスレグサ科となった。

　フキの薹と時を競うように萌え出るカンゾウを食べる習慣はあまり定着しなかったようで、春の川べりにはあおあおとしたカンゾウの芽だちが、人びとの注意をひかぬままにしげっている。カンゾウには、花が一重のノカンゾウと、八重のヤブカンゾウとがあるが、人里近くにはヤブカンゾウが多い。春先3月中ごろから下旬の出たばかりの5～6cmにのびた芽は、その年の春の土の最初の香りを届けてくれる贈物である。まずは酢味噌和えに調理し、春の最初の野の味を賞味するのが定石であるが、ここでは、少しちがった料理を紹介しよう。ヤブカンゾウは酢味噌和えに使う若い芽よりも少し葉がたった、大きいものもまたとても美味しい。

春の百くさ

ヤブカンゾウの新しい食べ方

　若い人向けにヤブカンゾウの茎を使った洋風料理を紹介しよう。太い白い茎をアスパラガスに見立てて、美味しいベーコン巻を作ってみよう。

ヤブカンゾウの採取

　4月中頃までの葉を根元からナイフを入れて、白い茎を多く切り取るようにして採取する*。4月も半ばになるとヤブカンゾウは大きく伸びるので、葉の部分は切り取って、柔らかい下半分を使う。根元の太い部分をよく洗い、網かごにあげて水を切っておく。
＊地下に太い根が残るので、またそこから芽が出て根絶やしになることはない。

【料理法】ヤブカンゾウの茎のベーコン巻

[作り方]
❶ヤブカンゾウの白い太い茎の間に入った泥をよく取り除き、上の方の葉を切り落とし大部分を茎にしてよく水切りをしておく。
❷鍋に湯を沸かして塩を一つまみ入れて、茎を軽く茹で、水を切っておく。
❸ヤブカンゾウの茎を適当な長さに切りそろえて、塩、引き割り黒コショを軽く振って、薄切りのベーコンを巻きつけて、フライパンでベーコンに焼き目がつくまで炒める。簡単な調理で夕食の一品となる。

鍋に塩を軽くひとつまみ入れて、たっぷりの湯を沸かし、固い部分を除いた茎をしんなりするまで茹でて水を切っておく。

ヤブカンゾウ

これに塩と黒コショウを振って薄切りのベーコンを巻き付け、フライパンでベーコンに焦げ目がつくまで、そっとひっくり返しながら炒める。

食べやすいようにカットしてお皿に盛りつけて、美味しいヤブカンゾウベーコン巻の出来上がり。

【料理法】ヤブカンゾウと鶏肉との炊き合わせ

ヤブカンゾウの葉は、鶏肉と大変に相性がよく、ネギの代わりに使うと、お鍋の味が一段と美味しくなる。使う葉と茎は、出たばかりの若芽よりも、少し伸びた若葉の少し伸びた若葉を、柔らかい茎とともに使えばよい。

[材料基準量]
ヤブカンゾウの葉と茎…200〜300g程度
鶏肉…150〜200g
醤油…1/4〜1/3カップ(好みにより量を調節)
日本酒…1/2カップ
ミリン…1/4カップ
水…2カップ
粉末かつおだし…2g(半袋)

[作り方]
❶日本酒とミリンを煮立たせてアルコールをとばし、水をいれて、だし粉末を入れてよく溶かす。そこへ醤油を入れて煮立たせてから、鶏肉を入れ、味をしみこませるようによく炊く。
❷ヤブカンゾウを半分程度に切ったものを入れてしんなりするまで手早く煮る。ヤブカンゾウを入れるときに、鶏肉を片側に寄せておき、煮汁のたまりを作っておき、そこにヤブカンゾウを入れて炊くと均一に綺麗に仕上がる。

【料理法】ヤブカンゾウの茎と油揚げとの炊き合わせ

[材料基準量]
茎…400g程度
油揚げ…大2枚(あらかじめ、お湯で油抜きをする)
日本酒…1/5カップ
ミリン…大さじ1杯
うすくち醤油…1/3カップ
水…2カップ
粉末かつおだし…4g(1袋)

[作り方]
ヤブカンゾウの茎は4月末〜5月はじめの茂ったヤブカンゾウの根元の太い白い茎を使う(茎を採る要領は【料理法】ベーコン巻の❶と同じ)。なお葉の部分も柔らかいところは十分使える(炊き合わせの方法は、【料理法】鶏肉との炊き合わせ❶に同じ)。

春の百くさ

⑨ ツリガネニンジン

ツリガネニンジンの秋の花（9月25日）。

ツリガネニンジン
キキョウ科ツリガネニンジン属
(Adenophola triphylla var.japonica)
ツリガネニンジンの春の若芽（4月16日）。

　秋になると、田んぼの畦や川の土手に、キキョウを小型にした小さな青紫色の釣り鐘を沢山ぶら下げる可憐な草（イラスト右）。茎を折り採ると白い乳液が染み出し、しかも花の匂いがオミナエシに似て腐った醤油の匂いがして、花瓶に挿すのもはばかれる。ところが、この草の春の若芽は、所によっては茎を取り巻いて生じる3枚の輪生葉から、三つ葉の名でもよばれ、春の摘み草として珍重される美味しい山菜である。

　少し伸びた草は根元が固いので、図の程度の柔らかい上の方だけを摘めばよい。残した下の茎からはやがてわき芽が伸びて秋には花が楽しめるので、注意して摘み取りたい。

> **【料理法】若芽の和え物**
> 　ここではなんといっても和え物をお薦めする。ナズナの項で紹介した豆腐の白和えの他、単純に、ごま和えでも、秋の臭い匂いの花から想像できない美味しいうまみのある和え物ができあがる。若芽でもわずかに特有の匂いはするので茎が柔らかくなるまでよく茹がいて、乳液を流し去ればうまみだけが残る（ナズナ 10 ページ、ヨメナ 25 ページ参照）。

⑩ カキドオシ

カキドオシ シソ科カキドオシ属 *(Glechoma hederacea var. grandis)*
カキドオシの春の花（4月16日）。

　垣根を越してなおはびこる強い雑草からつけられた名前である。名の通り、野原一面に匍匐枝を出して広がる。紫色の美しい花が特徴である。

　古くから、糖尿病の妙薬（血糖値を下げる）の民間薬＊として使われていた野草。シソ科特有の香りが特徴である。ほとんど全部の山菜料理本には、天ぷらを紹介するが、この料理法は小さな草を油まみれにするだけで本当の味が分からない。地面に這う固い茎ではなく、花を抱いて立ち上がる茎の柔らかい部分を葉と一緒に刻んで使う料理をお薦めする。

＊採りすぎて余ったカキドオシはほこりやごみを払い、乾燥すると香りのよいカキドオシ茶となる。血糖値を下げる薬草として漢方薬店では連銭草として売っている。

カキドオシ

> 【料理法】サラダのトッピング
>
> カキドオシだけの料理ではなく、ここではサラダのトッピングに使うことを第一番に薦める。
>
> よく洗って水切りしたカキドオシを細かく刻んで、野菜サラダ(どんなサラダでもよい)にトッピングすると、たとえキャベツの葉を刻んだだけのプレーンサラダでも、黙って食卓に出せば「このサラダとても美味しい。どうやって作ったの?」と誰もが驚くこと請け合いである。
>
> 【料理法】トッピングの相手を変えてみよう
> [作り方]
> ❶ プレーンヨーグルトに細かく刻んだカキドオシを加えて、冷凍庫で固めてフローズンヨーグルトを作る。
>   さわやかな香気が口に拡がり、デザートとしてこれもきっとお客さんに受けること必定。
> ❷ カキドオシには少しばかり毛が生えるので、気になるのであれば、軽くお湯に通してしんなりさせてから使っても良い。ただし茹ですぎないこと。

● ヨーロッパにもあるカキドオシ

植物学的には母種となるヨーロッパのカキドオシ(英語名 ground ivy:G.hederacea)は大変苦く、ホップの利用が広まるまでは、ヨーロッパのビールの苦みをつけるための香草として用いられていた[6]。幸い日本のカキドオシは苦みもほとんどなく、特別の処理をしなくても香草として広く利用できる。

またカキドオシによく似た植物には次のような植物がある。

綺麗な花と花の底の甘い蜜とで愛されるシソ科のオドリコソウ(*Lamium album var. barbatum*)の母種の西洋オドリコソウ(*L.album*)は、ヨーロッパ(特にフランス)では食べられる野草としてホウレンソウのように利用される。試みに日本のものを食べてみたが、変種名(*barbatum*:ひげのある)のとおり茹でてもごわごわして食感がはなはだ悪い。ヨーロッパのものはやわらかく、美味しく食べられる。

よく似たシソ科のホトケノザ(*Lamium amplexicaule*:有毒ともいわれる)、外来侵入植物のヒメオドリコソウ(*Lamium purpureum* 食べられないことはないという)、ゴマノハグサ科のムラサキサギゴケ(*Mazus miquelii Mazus miquelii*:食べられないことはないという)などと間違わぬこと。

11 クレソン（オランダガラシ）・オオバタネツケバナ

クレソン
アブラナ科オランダガラシ属 *(Nasturtium officinale)*
クレソンの冬から春にかけての若芽（1月31日）。
きれいな水のあるところに繁殖する。

オオバタネツケバナ
アブラナ科タネツケバナ属 *(Cardamine scutata)*
日本のミニクレソン？
山の渓流に普通（5月3日）。

　クレソンがいつから日本でインベーダーとして野外に逃げ出したのかは明らかではないが、今では各地の清流のあるところにやや普通に繁殖する。西洋料理の添え物程度にしか使われないために、だれも採ろうとしないのはもったいない話である。ロンドン郊外では、立派な野菜として谷の流れを利用したクレソン畠が広がる。清流に生えるクレソンの株を見つけたら、たくさん採ってサラダにしてもよいが、大きく育ったものは、オランダガラシの別名通り辛みが強い。次のような辛味を消す方法で、美味しいサラダをどうぞ。

クレソン(オランダガラシ)の食べ方

【料理法】サラダ

　クレソンは生のままでは大変辛く、生のサラダをたくさん食べられない。ところが、ざっと洗って水切りしたものをたっぷりのマヨネーズと合えると、辛味のない美味しいクレソンサラダとなる。

　詳細は分からないが、マヨネーズの蛋白質が、辛味成分と結合して辛味を消してしまうのかもしれない。

　固ゆで卵のみじん切りと混ぜたり、ハムと一緒に調理すればいっそう贅沢なクレソンサラダとなる。

【料理法】
クレソンとベーコンとの炒め物

　辛みはまた熱を加えれば消えるので、炒め物にすればたくさん食べても辛みがない。

　一番美味しい食べ方は、ざくさくと切ったクレソンをベーコン（ハムでもよい）と一緒に炒めた料理である。

　スーパーマーケットでは小さな束が200円以上はする。それを考えると、この食べ方は贅沢そのものであるが、インベーダーを食べるのだからあまり遠慮はいらない。ぜひたくさんクレソンを食べてほしい。

オオバタネツケバナの食べ方

　じつは日本にもクレソンになぞらえる、アブラナ科の美味しい野草がある。山の渓流から、近くは山から水を引いた田の水路に生える、オオバタネツケバナがその草である（33ページ図右下）。

　春、田を返して苗代を作る（種付け）前の田の一面に、小さな十字花を咲かせるタネツケバナを大きくした、柔らかい草である。クレソンに比べれば小さく、群落も小さいが、流れに沿ってたくさん生えるので、面倒がらずに摘んでゆけば山のハイキングのお土産となる。生のままでは少し辛いので、刺身のつま、刻んでサラダのトッピングによい。またたくさん採れたら、茹でておひたしにしたら、辛みも消えとても美味しい。クレソンと同じようにベーコンと炒めてもとても美味しい。

辛い西洋カラシナの食べ方

　春になると日本の川の堤防を一面黄色に染める西洋カラシナの仲間が旺盛な繁殖力ではびこっている。

　若い葉でもカラシナの名の通り、生で食べると大変辛く誰も採ろうとはしない。クレソンと同様、これをマヨネーズで合えると、辛みがまったく消えて美味しいサラダに大変身する。クレソンと同様、せいぜいたくさん摘んで食べるとよい。

12　ウバユリ

ウバユリ
ユリ科ウバユリ属 *(Cardiocrinum cordatum)*
ウバユリの春の鱗茎（4月16日）。
もったいないが、球根（鱗茎）だけを戴く。

　低山地帯に夏、テッポウユリを長くしたような大きな白い長い花を葉のない茎に5〜6個つける姿は見ごたえがある。近畿地方の低山地帯に多い。
　この鱗茎は、おそらくユリ根の中でもっとも美味しい。ただ残念なことに大きく育った個体は花を咲かせるために栄養がとられて、鱗茎は小さくしぼんでしまう。食べるのに適するのは、もっぱら若い苗の鱗茎であるが、これはちょうどカタクリと同様の小さな可愛いもので、他のユリのように鱗をはがして植えるといった増殖法が使えない。春先若い葉が出ているものを沢山見つけたら、その中から数個いただいて賞味するとよい。

茶碗蒸しの具
　小さなゆり根は、茶碗蒸しの具に最適。なお若い葉を食べると紹介する本もあるが、そのままでは酸っぱいので薦められない。

13　ギボウシ

ギボウシの春の若芽
キジカクシ科ギボウシ属 *(Hosta undlata var.erromena)*
キジカクシとは、アスパラガスの日本名。山から芽を2つ頂いて、庭に植え以後増えたもの（4月5日）。

　各地の山地、渓流には、このほかコバギボウシ *(Hosta albo-marginata)* など、各種のギボウシが沢山生える。家の庭でもよく育つので園芸品を分けてもらうか、山中で大きい株を見付けたら、一株もらってきて植えておくのもよい。肥料をほどこせば次々に増えるので、その後は山に取りに行かなくてもよい。どれでも若芽が食べられる。勿論夏から秋にかけては優雅な花が楽しめる。

【料理法】若芽の和え物、汁の実

　若い芽は、柔らかく茹でると少しぬめりがあり、わずかな苦みの中にも、確かな歯応えでこれも大変美味な山菜である。採れたてを刻んで味噌汁に入れてもよい。ただし芽立ち後すぐに大きく伸びて固くなるので、まさに一瞬の「しゅん」の味である。
　茹でて和えもの、お浸し、二杯酢などが美味しい。5月中頃から、紫色の1日花が下から次々に開く。食べるのは図のような若芽であるが、花を見るためには、全草を摘み取ることなく、真ん中を残して、外側の2枚程度を採って、朝のみそ汁の実に入れるとよい。

⑭ ドクダミ

ドクダミ ドクダミ科ドクダミ属 *(Houttuynia cordata)*
ドクダミの花（6月1日）。料理には4月半ばまでの花の咲く前の若く柔らかいものがよい。

　日本全国いたるところに生え、民間薬としても重宝するドクダミは臭い匂いで嫌われているが、じつは大変美味しい野の恵みでもある。東北地方では味噌汁の実、汁の実として重要な蔬菜でもあるが、匂いを嫌う関西地方ではまったく取り上げられないゲテモノであろう。
　ドクダミは、なによりも薬効にあることはよく知られている。

あっと驚く変身ドクダミ

　ドクダミ味噌は熱いご飯に乗せてもよく、おにぎりに添えてもって行けば、冷えていても大変おいしい。
　また、クラッカーに乗せて食べると美味しい。春の野草摘みの会で毎年お子様たちが筆者のドクダミ味噌を待っていてくれるのも嬉しい。
　ガラスビンにきっちりと蓋をして詰めておけば、冷蔵庫で1年以上保存可能である。

【料理法】ドクダミ若葉入り甘味噌

　なるべく若いドクダミ若芽を使うほうが良いが、5月の花の咲く頃まで長い間利用できる。ドクダミを丁寧に摘んで、若芽をよく洗ってザルにあげてよく水を切っておく。上の写真で120gほど。

[材料基準量]
ドクダミ若葉…50〜100g
米味噌…500g
三温糖…250g
ミリン(フランベー用)…100mℓ程度

[作り方]
❶よく水を切ってドクダミを細かく刻む。
❷フライパンにサラダオイルを引いて刻んだドクダミ若芽を手早く炒め、ミリンを少量加えてフランベー(アルコールの蒸発とともに匂いを飛ばす調理法)をして、匂いを飛ばす。
❸そこに味噌と三温糖を加えてドクダミとよく混ぜる。砂糖が溶けてとろりとすれば火を止めて出来上がり。冷えれば適当に固まって食べやすくなる。

フライパンにサラダオイル大さじ2杯ほどを入れて、刻んだドクダミを入れて炒める。

葉の色があめ色に変わるまで炒めたら、ミリンを入れて、沸騰させてくさい匂いを飛ばす。

味噌(800g)を入れて、炒めたドクダミとよく混ぜる。この段階ではよく混ざらなくても構わない。

味噌の半分の三温糖(ここでは、400g)を入れて、砂糖が溶けるまでよく混ぜれば出来上がり。

炊き立てのご飯にドクダミ味噌をのせて食べる。小さなご飯茶碗ならば、思わず3杯はお替りをしてしまう。これがドクダミ？ 誰もがびっくりの美味しさ。

みそ汁の実

　ドクダミの若葉をみそ汁の実に入れることは、昔から東北地方では普通の家庭料理であることは、いろいろの山菜料理本で紹介されている。独特の臭いを消すのは、実はみそ汁を熱く煮たてた中に葉を入れることである。水蒸気と一緒に臭いが飛んでゆくので、あとは美味しく食べられる。みそ汁を煮立てないという「正統派みそ汁」を守る人には味わえない、庶民派みそ汁というところか？

ドクダミの効能

　花の頃に採取して、陰干しをして作るドクダミ茶は、独特な臭いも消え、美味しい。
　また乾燥したドクダミをホワイトリカーに3ヶ月ほど漬け込み、浸出液を取り出し、少量のグリセリン加えた"化粧水"は荒れた肌を優しく治す優れた化粧品となる。
　蓄膿症や頑固な鼻づまりには、ドクダミ若葉を摘んで、生のままよくもんで、鼻に詰めることを毎日根気よく続けると驚くような効果がある。これは筆者の姉が高校生の時の実際の経験である。

15　モミジガサ

モミジガサ
キク科コウモリソウ属 *(Cacalia delphiniifolia)*
モミジガサの若葉（4月29日）。

　4月中ごろ、山地の植林地帯、また谷道の林の下に生える。山菜といわれるものの中で、おそらくもっとも美味しい草である。豊臣秀吉の大好物であったという話が伝わる[5]。随分と前から知られていた山菜である。

　プロの山菜採りの人たちが採りにやって来る大阪北部の低山地帯の一角から、モミジガサが2000年代以降ほとんど消えてしまった。森の中をそれまで姿を見なかった鹿が飛び回っていた。柔らかい草を鹿が食べつくしたと思われる。シカの天敵が消えた生態系を作ったのは人間であるから、鹿だけに罪を着せるわけにはゆかない。気を長くして復活を待とう。

【料理法】キクの香りが楽しめるモミジガサ

　そのまま軽く茹でておひたしが一番美味しい。また軽く茹でたもの、あるいは生のまま洋風のサラダにすれば、キクの香りが楽しめる。長く楽しもうと、麹づけなどにもするというが、若葉をその季節に食べるに越したことはない。

　若芽を摘むとき、下からわき芽が伸びるように上から三芽までにとどめる。

⑯ ワラビ

｜ワラビ
コバノイシカグマ科ワラビ属 *(Pteridium aquilinum)*

食べごろのワラビの収穫、(左図：5月17日)。
少し伸びて葉が出始めたワラビ（右図：5月28日）。
この程度に伸びたワラビでもポキンと折れるところ
で採るとよい。そこから上の部分は十分食べられる。

　春のさきがけのワラビは、若い芽をうまく調理すれば、救荒植物だけでなく、美味しい山菜として食卓をいろどることにもなる。沢山採れた時の美味しい料理を紹介しよう。

ワラビ

【料理法】ワラビの醬油炊き

[作り方]
❶ 一度で食べきれないほど収穫があったときは、灰または適量の重層と一緒に茹がいてから、水を張ったボールに一晩さらし、さらによくあくを抜いて取り出し、ざるに上げ、さらに一晩水を切って乾かしておく。
❷ これを3～4㎝に切りそろえ、たっぷりの醬油・日本酒・ミリン・かつおだしでじっくりと煮る。そのうちにワラビからのだしも浸み出る。冷蔵庫で1週間程度は保存できる。
❸ あとでもう一度煮るので、決して茹で過ぎないこと。少し固めでもよい。ただし少なくとも一晩は水にさらしてあくを抜くことを忘れないこと。だし汁のレシピはヤブカンゾウのページを参考に、好みに合わせて調節すること。

【料理法】ロシア風ワラビのサラダ

ハバロフスクのホテルに出た、ロシア風ワラビサラダの味を思い出しながら工夫。

[作り方]
❶ ワラビはあまり茹ですぎないようにして、水に一晩以上さらし、よくあくを取る。
❷ よく水を切っていくらか乾かす。
❸ 食べやすい長さに切ったワラビに適当量の塩とコショウとを振って、茹でてもどした昆布の細切りと一緒に、サラダオイルで混ぜて出来上がり。

＊＊＊

美味を求める心に東西の区別はない。アジアの味がそのうちヨーロッパ本土へ侵入するのも遠いことではない？

野草のあれこれ

● モスクワのワラビ

ワラビと人との関係は極めて古く、殷（商）を滅ぼした周の粟を食べるのを潔よしとせず、ワラビだけを食べて、ついに餓死するという伯夷・叔斉の兄弟の故事は、漢文の教科書で学んだところである。しかしワラビを食べる習慣があるのはどうやらアジアの人びとだけらしい。

アジア以外の人にとっては相当に珍しい、海草やヨーロッパに生えるゴボウ (Burdock) などの「自然食」を紹介するロンドンで発行された "Wild Food" というヨーロッパでは珍しい本[6]でも、さすがにシダ類の記載はない。ところがロシア極東の地、ハバロフスクやウラジオストックでは、レストランのメニューにも上るほどワラビを盛んに食べる。ロシア人が日本人や沿海州に残された朝鮮族の人たちに教わったという。

2008年夏、9年ぶりに訪れたモスクワで、モスクワっ子がスーパーマーケットで売られているパパロトニクサラダ（わらびのサラダ）を購入しているのにはびっくりした。前出の「農業全書」の蕨の項には、「ほしたるは出羽の秋田より出でる物、柔らかにして味よし」とあるが、さらに北方のモスクワのワラビは日本のワラビのようなあくがない。ただ茹でこぼすだけでまったく苦味がなくなる。30年以上昔、モスクワ滞在中の6月初め、郊外の丘でたくさんのワラビを採り、その日の夕食に茹がいて醬油とお酢で食べ、当時一緒に宿舎の科学アカデミーホテルに滞在していた日本からの研究者の皆さんに大変感謝された。幼い頃からの救荒食研究が思わぬ役にたった、今ではなつかしい思い出のひとこまである。

【ひとロメモ①】
ヨーロッパゴボウ

イギリスの野草料理本[6]に、ヨーロッパゴボウ：Burdock（バードック、一名オロシャゴボウ）の珍しい料理が紹介されている。日本のゴボウ（ヨーロッパゴボウ：*Lesser Burdock* に対して、Great Burdock と呼んでいる）と同じように、根を細長く刻んで、醤油で絡めて炒める、若い茎の皮をむいて、茹でてバターとひきわり黒コショウで食べる、と紹介されている。

ロンドン郊外のピクニックの路に広がる、ヨーロッパゴボウ

ヨーロッパゴボウは、ユーラシア大陸に広く分布し、ロシア沿海州を経て北海道にも侵入し、オロシャゴボウとも呼ばれている。ロンドン郊外のパブリックフットパスの道に、大きな群落を作り広がっている。かつては「日本人は木の根を食べる」と揶揄されたゴボウも、「日本食ブーム」の中、野趣あふれる自然食として見直されている。

【ひとロメモ②】
中国三国志の救荒植物？

春、アブラナ科の美しい紫色の花が一面に咲く光景は、今では各地の野原、川の土手に普通である。ハナダイコン、ムラサキハナナなど、いろいろな名前で呼ばれているが、ショカツサイ（アブラナ科オオアラセイトウ属 *Orychophragmus violaceus*）を標準名とする図鑑が多い。

ショカツサイ

ショカツサイは中国の歴史上最も知恵のすぐれた名将として名高い諸葛孔明の、ショカツから発している。種がこぼれて、温かいところでは冬から芽をふくこの菜を、孔明が兵士の救荒植物として用いた？との故事からの名づけであるが、真偽のほどはわからない。江戸時代にはすでに日本に入ったともいわれるが、第2次大戦後に広がった。もっぱら綺麗な花を観賞するが、実は葉も茎も柔らかい美味しい「野菜」でもある。植木鉢でもよく育つので、たくさん植えて中国の智将からの贈り物を楽しんだらよい。

17 スギナ（ツクシ）

スギナ
トクサ科トクサ属 *(Equisetum arvense)*
陽だまりに早くも2月初めに顔を出したツクシ（土筆）
（2月2日）。ツクシはスギナの胞子穂。

　ツクシは「親」のスギナに先立って、春まだ寒い2月から小筆の穂先のような顔を出す。土筆という当て字は、至極もっともである。スギナはツクシが終わり姿を消すとようやく現れる。スギナが出るとツクシの季節は終わりである。

　茎にびっしりと生えるはかまを取るのに手間取り、爪が茶色に染まり洗っても落ちない。苦労の割には冴えないツクシを美味しく食べるには？

　40年以上前に教えていただいた、簡単で美味しい知人の家庭料理を紹介しよう。

【料理法】ツクシご飯

[作り方]

❶ まだ胞子をはたいていない、若いツクシの頭だけを摘み取る。ツクシの袴を取り除き、洗って網かごで水をよく切る（頭だけを摘み取ってあるので袴もあまり手を汚すことなく簡単に取れる）。これに塩を一振りしておく。

❷ 頭だけに適当に塩を振ってから、フライパンに少量のサラダオイルで軽く炒めておく。

❸ 炊き立てのご飯に、今炒めたツクシの頭を適当量入れて素早く混ぜて、しばらく置く。その間に春の香りがご飯に回り、ちらしずしならぬ「ちらしツクシご飯」が出来上がる。

ほくほくとしたツクシの頭の味に、思わずお替わりをしたくなる。ツクシの頭を最初からお米に混ぜてご飯を炊くと、肝心のツクシが溶けて崩れてしまい、春の香りもどこかに飛んでしまう。

18 ウワミズザクラ

ウワミズザクラ

バラ科ウワミズザクラ属 *(Padus grayana)*

これまではヤマザクラと同じサクラ属としていたが、最新の DNA 植物分類では、バラ科ウワミズザクラ属に独立した。ウワミズザクラの花（4月22日）。この図のようにまだ花が全開していないものだけを使うこと。

4月末に、素晴らしい香りの穂状の白い花を枝のさきにつける。近畿地方の丘陵にはいたるところに生える。春の初めの里山から低山を散歩し、開きかけの花の香りをかぐだけで溢れる元気をもらう。この香りをお酒に閉じ込めてみたのが、次のレシピ。

花が届けてくれるお酒とシロップ

1年間寝かせ、薄い緑色が残る古酒。
アーモンドをお供に飲めば、春の香りがよみがえる。

【料理法】ウワミズザクラ花酒

［作り方］

❶この花の穂を30本ほど摘んで、1ℓのホワイトリカーにおよそ半日漬け取り出す。それ以上漬けると、苦味が浸み出るので注意すること。

❷このお酒を1ヶ月ほど静かに寝かせると、ドイツの高級リキュールであるキルシュワッサー（Kirschwasser：サクラの水*）に負けない素晴らしい花酒となる。

❸なお、開き過ぎた花穂は香りが抜けて役にたたないので使わない。必ずつぼみまたは半開きの花穂（左ページ図）を使う。

❹なお、これに最初は砂糖などの甘みを加えないことが肝心である。もちろん後から水で割り、好みで砂糖を加えるのは構わない。

ウワミズザクラの花。開花直後またはつぼみの穂を採る。この花の穂は小さいので多めに使う。

ここでは、アルコール40%のヴォトカ720mlに短い花穂50本ほどを漬けたもの。6時間ぐらいで花穂を取り出す。

＊酒を"水"と表現するのは、ロシアのヴォトカ（お水ちゃん）と同じである。もともとヴォトカは、ドイツからロシアへと伝えられたので、強い透明な酒を"水"と呼ぶのは、ドイツに始まったことと思われる。

【料理法】ウワミズザクラの花のシロップ

［作り方］

花酒と同様、砂糖シロップ漬けも素晴らしい。花穂の量はただし花酒の2倍の量が要る。40〜60本ほどの花穂を、1ℓの砂糖シロップに一昼夜〜1日半ほど漬ける。この場合、苦味が浸出しない。

アルコールの苦手の方や、お子様に嬉しい香りの高い素晴らしいシロップとなる。花に素早くやってきた、ハチ、アブなどが運ぶ酵母の働きを止めるため、必ず80℃以上に加熱して保存すること。

［砂糖シロップの作り方］

1ℓの水にグラニュ糖500g〜1kgを加えてとろ火でゆっくりと煮立てる。水の量が10%ほど減少し、色がほんのり琥珀色になったら火を止めて冷ます。

［花のシロップ漬けの応用］

花の砂糖シロップ漬けは、ウワミズザクラだけではなく、祝いの席に使う桜茶の八重桜、シュンランなど、香りのある花ならば（アセビ、レンゲツツジなどの有毒の花を除けば）どれでも作ることができる（48ページ「ヤブツバキ」も参照）。

(19) ヤブツバキ

ヤブツバキ
ツバキ科ツバキ属 *(Camellia japonica)*

ヤブツバキの花（3月2日）。花の底には蜜が溢れる。今や世界中でヤブツバキを親とした20,000種の園芸品種が愛されている、日本発の世界の花。

　ヤブツバキには、もともとあまり香りがないが花の底には甘い蜜が溢れるほど詰まっている。メジロやヒヨドリは蜜の香りを素早くキャッチして飛んでくる。そこで鳥たちの来る前にこの花を摘みとって、砂糖シロップに漬けると蜜や花粉から思いがけぬ芳香が抽出されて、香りほのかな見事なシロップができあがる。ヤブツバキの中にも、稀に香りのある花が見つかるが、そのような花を使えば、なおいっそう香り高いシロップとなる。

【料理法】ヤブツバキの花のシロップ

［作り方］

❶ ヤブツバキの中でも紅色の鮮やかな花を摘む。がく片、傷がついて黒くなった花弁を丁寧に取り除き、花の底の蜜を流さないように注意深くさっと水で洗い、網かごにあげて水をよく切っておく。

❷ 大きめのガラス瓶に砂糖シロップ*を入れて、そこによく水を切ったツバキの花を詰め込んで、きっちりと蓋をして、5〜7日ほど冷蔵庫で保存する。香りのないツバキからさわやかな香りが滲み出る。シロップ1ℓに花を20〜30個漬ける。シロップが熱いうちに花を入れると、渋みと苦みとが出るので、注意すること。花が十分しぼんで、瓶の上方に集まり、赤い色がシロップに移るようになれば出来上がり。

❸ 花びらを取り出しすぐに加熱（〜80℃以上）して滅菌することを忘れないように。冷えたらペットボトル、ガラス瓶などに入れて、冷蔵庫に保存する。

※シロップはそのままヨーグルトにかけるか、2倍程度に薄めて飲む。

＊砂糖シロップの作り方
45ページのウワミズザクラ花シロップと同様であるが、砂糖の濃度が濃いほど花からの香りがよくしみ出るので、加える砂糖を多めに作るとよい。

⑳ クサギ

クサギ　シソ科クサギ属 *(Clerodendrum trichotomum)*
クサギの若葉（5月19日）。
以前の分類のクマツヅラ科からシソ科へ変更。

　有名な救荒植物のクサギである。名前の由来は、若葉、皮をもむと、いやな匂いがすることによる。しかしこの若葉を上手に調理するとすばらしいおかずになる。若芽が最上であるが、若葉は5月中頃までならば、右に記したレシピを守れば、十分食べられる。採取に際しては、芽の全部を採るのではなく、枝に出た芽の半分程度を頂く。
　クサギの若葉の食べ方は、ある人は茹でた葉を干して保存したものを戻して飯に入れて炊くクサギ飯、煮物にするなど料理人により千差万別であるが、以下の料理が一番美味しい。

クサギ

クサギの夏の花（8月10日）。甘い香りにアゲハチョウが群がるので、すぐに分かる。夏の間にこの花を目印に木をよく覚えておくとよい。

江南和幸著「里山百花」 サンライズ出版 2003年 より

【料理法】クサギ若芽の佃煮

[材料基準量]

クサギ若芽、若葉（いずれも生）…500g程度
- だし汁：日本酒…1カップ
  - ミリン…1カップ
  - 淡口醤油…1/2カップ
  - 濃口醤油…1/4カップ
  - 粉末カツオだし…4g
  - 三温糖…50g
  - 水…2カップ程度

[作り方]

❶ 若芽の前処理：これをきちんとしないと、苦い、臭い、逆に味がなくなるなどのトラブルが生じるので、ここに記す方法をきちんと守ること。

❷ 若芽から、ほこり、ごみを取ってよく洗っておく。

❸ 鍋に水をたっぷりと入れ沸騰させる。これにクサギ若芽を入れて茹がく。春一番の本当の新芽ならば、葉がしんなりする程度にさっと茹がく。5月頃の若葉は葉が柔らかくなるまでよく茹でる。

❹ 茹であがった芽はまだとても苦い。新芽の場合、これを水に一昼夜漬けて、苦みを取る。

5月ごろの若葉ならば、48～72時間ほど漬ける。しかしいずれの場合も苦みをすべて取り去ると全く風味がなくなるので、水さらしの途中で試食して、少し苦みが残る程度で止めること。

これが後の味を決める。4月初めの出たての若芽がよいが、図（左）程度に育ったものでも、上から3芽までならば十分使える。

❺ 前処理の済んだ若芽（若葉）をよく絞って、適度に細かく刻んで（あまり粗く刻むと、葉に生える細毛のため口あたりが悪い）、上のだし汁で煮る。

水はだし汁と合わせて、若芽が隠れひたひたになる程度加える。

新芽の場合水を控えて、煮すぎないようにすること。若葉ならば、柔らかくなるまで十分煮る。

※クサギは甘みに非常によく合うが、あまり甘すぎるとうま味が隠れるので、砂糖は入れ過ぎないように注意。

21 タカノツメ

タカノツメ
ウコギ科タカノツメ属 *(Gamblea innovans;Evodiopanax innovans)* 属名変更。
タカノツメの若葉と出芽したばかりのツメの先(左図)。小葉は3枚である(4月21日)。右図は、展開する前の芽(4月10日)。

春の木の芽の王様①

　タカノツメの名前から唐辛子を想像するが、タラノキの仲間のウコギ科の植物で、タラノキと違って刺もなく、20mほどの高木になる。春先の芽だしが鷹の爪を思わせるのでこの名がある。香りがよく、タラの芽より遙かに美味しい春の精である。葉が展開すると、小葉が3枚であり、葉に全く毛がなくつやがあるので、他のウコギ科の葉と容易に区別できる。

【料理法】タカノツメご飯

　鷹の爪のような芽ではなく、少し葉が展開したものが味もよい。大変苦いが、4月の最初の、展開したばかりの芽であれば、細かく刻む。図の程度に展開した芽は、ざっと茹でて一昼夜水にさらし、よく水を絞って細かく刻む。どちらも、炊きたてのご飯に塩少々と一緒に素早く混ぜる。すばらしい春の香りのタカノツメご飯となる。

【料理法】タカノツメの葉の佃煮

[材料基準量]
タカノツメ若葉…500g（茹でる前の量）
- だし汁：日本酒…1カップ
　　　　　ミリン…1カップ
　　　　　三温糖…（好みにより）30～50g
　　　　　淡口醤油…1/2カップ
　　　　　濃口醤油…1/4カップ
　　　　　粉末こんぶだし…2g
　　　　　水…2カップ

[作り方]
❶ 大きく展開する柔らかい葉を使う次の料理法もおすすめの食べ方。すこし葉が伸びたものを（5月中旬までが限度）を摘み、それを良く茹でてから1昼夜、水にさらして苦みを取り除く。苦みが強ければ、さらに、2～3昼夜水にさらすとよい。

❷ これを醤油とミリンと砂糖とで佃煮に仕立てる。よく茹でて水さらししたタカノツメ若葉の水をよく絞り、刻んで左のだし汁で煮る。水は若葉が浸る程度（2カップ程度）を加えて、若葉が柔らかくなるまで弱火でゆっくりと煮る。煮汁が多すぎたら、途中でカップに取り、汁を切って出来上がり。香りのよい煮汁は別の煮もののだし汁に使える。

22　コシアブラ

コシアブラ
ウコギ科ウコギ属（Acanthopanax sciadophylloides）

コシアブラの若芽（4月23日）。小葉は5枚である。タカノツメとの区別のしどころ。また葉、葉茎に柔らかい毛が生える。

春の木の芽の王様②

　王様が2人いるのはおかしいが、コシアブラもまたタカノツメと甲乙つけ難い春の贈り物である。どちらを第1の王様とするかは、食べる人の感性によるのでここでは筆者の好みでこの順序にしているだけである。これもウコギ科の中高木である。小葉の数が5枚あり、タカノツメより葉全体が大きく、葉の表裏に毛が生える。以下に記すように、ウコギ科植物の芽の摘み方に十分注意すること。とくにコシアブラの若木はタカノツメに比べ弱く、芽を乱暴に折り取ると、しばしば枝全体が枯死する。必ず剪定をする要領で、折り取らず切り取ること。

コシアブラ

コシアブラの料理

　若い木の春の芽は、香り高く苦みも全くなくきわめて優秀な山菜である。食べ方は、ほとんどタカノツメと同じであるので省略するが、上に記したように毛が多く、コシアブラご飯はタカノツメご飯に比べると味と香りは優劣つけがたいが、少し食味が悪い。煮物、野菜との炊き合わせ、卵とじなどを薦める。

【料理法】コシアブラ若芽とヒロウスの炊き合わせ

[材料基準量]
コシアブラ新芽…10束程度（長いものは半分に切っておく）
ヒロウス…小5ケ
●だし汁：日本酒…1/2カップ
　　　　　ミリン…1/4カップ
　　　　　淡口醤油…1/4カップ
　　　　　濃口醤油…（香り付け程度）
　　　　　水…2カップ半
　　　　　粉末かつおだし…2g
　　　　　粉末昆布だし…2g

[作り方]
左のだしで作っただし汁で、ヒロウスを炊いておき、そこにコシアブラ新芽を入れて、ひと煮たてしたら出来上がり。ゆば、豆腐、油揚げなどとも相性が良いので、ぜひ、コシアブラとの炊き合わせ料理を、いろいろと楽しんでほしい。なおこの料理は、タカノツメの若芽にも共通。ただし、タカノツメは茹でて苦みを除いておく方がよい。

※共通の料理法…どちらも、特に若い柔らかい葉（茹がいて苦みを取ったもの）をとき卵とだしの中に閉じ込める卵とじを薦める。香りのよい卵とじができあがる。

野草のあれこれ

● 注意：ウコギの仲間の芽の取り方

　春の若芽採りに夢中になって、つい乱暴な採り方をすると、次の年の恵みが失われる。

　ウコギ科の若芽を頂くとき、以下に記すように共通のマナーがある。芽をもらう時、この採取法を必ず守ること。

　このマナーが守られない人は山菜摘みをする資格がない。いずれの木の芽も、春がようやくやって来てこれから木を育てるために出芽するわけであるので、採取は必要最小限にとどめる。また芽を折取るとき、ただ折取れば良いのではない。ウコギ科の植物に特に共通の点は、天辺の新芽（頂芽）を摘むと、そこから下の茎に枯れが入り、下にある芽は、展開はするが、そこから今年枝が伸びることはない。芽を折取るのではなく、下の芽の中でも一番大きい芽の直上で剪定ばさみを用いて丁寧に"剪定"をして、その芽を頂芽とすると、そこから今年枝が伸びて枝が伸長する。また切り口には、カルス形成用のワックスを塗っておくことが望ましい。こうすれば、たとえ新芽を頂いても、木を枯らすことなく来年もまた春の恵みを頂くことが出来る。

春の百くさ

23　ヤマウコギ

ヤマウコギ
ウコギ科ウコギ属 *(Acanthopanax spinosum)*
ヤマウコギの春の若葉（5月3日）。若芽を摘み取ってウコギ飯に入れる。若芽はつる状の枝のあちらこちらに出るので、間引く要領で採れば、切り口から枯れが入る心配はない。

　これもウコギ科のつる性の低木で、低山地帯に生えるのがヤマウコギである。この葉はコシアブラや、タカノツメと同じような香りと味がする。これも朝鮮人参と同じ仲間で、サポニンを含む薬用植物でもあり、中国の五加皮酒は、ウコギの表皮、根を使った薬用酒として有名である。ウコギ類はこの他にも、垣根などに栽培するウコギ*(A.sieboldianus)*、平地の藪に生える葉柄や葉脈に毛が生えるケヤマウコギ*(A.divaricatus)*など沢山の種類がある。どれもヤマウコギと同様に食べられる。農業全書には、ウコギとクコとを、「葉を菜にし、茶にする、根は良薬になり、酒に造る」として生垣に仕立てることを薦めている。

【料理法】ヤマウコギ
　タカノツメ、コシアブラと基本的には同じ料理でよいが、小さくて、採種すると、ばらばらになりやすい芽は、あまりいじらずに、茹がいて刻んだ葉を熱いご飯に手早く混ぜたウコギ飯は香りもよく山のご馳走である。
　また、ハイキングで、炊飯器具とおにぎりとを持参して、鍋におにぎりと水と、ウコギの若芽を刻んでそのまま放り込んで炊けば、美味しさにびっくりの即席のウコギ雑炊となる。

㉔ タラノキ

タラノキ
ウコギ科タラノキ属 *(Aralia elata)*
早春のタラの芽。まだ若い一本立ちのタラノキの
早春の若芽は紅色を帯びて美しい（3月10日）。

ウコギの仲間の最後にタラの芽を紹介するのは、世間の大人気には申し訳ないが、上の3種に比べ、タラの芽はさほど美味しくはないという、筆者の勝手な評価による。今では栽培化が進み、スーパーマーケットでも、冬の間から温室栽培のタラの芽が並ぶ。栽培タラの芽は、タラの木を、天辺に芽をつけるようにして数本に切って、挿し木で栽培して育った頂芽を利用する。自然のタラの芽とは似ても似つかぬ香りも薄い栽培野菜である。

もしも、自然状態でタラノキを見つけたら、上に記したコシアブラなどの芽を戴く注意を必ず守ること。またタラの木は、幹を切り取ったまま放置すると、中心の髄から水が入り腐りやすいので、切り口に必ずワックスを塗っておくことを忘れないようにする。ワックスはタラの芽採取の必携品である。さらによい方法は、4月半ばから5月末までに、新芽が伸び展開したタラの芽の中から中央の成長芽をそっと残して、一番外側の伸びた2本程度をもらうとよい（58ページ図）。

タラノキ

展開したタラの若葉(4月15日)。この芽から真ん中の成長芽を残して、外側の2本を頂く。写真から描き起こし。

【料理法】タラの芽

　山菜の王様ともされるタラの芽の料理法を今さら紹介することもないと思われるが、料理店でも、家庭でも、実はせいぜい天ぷらどまりの単純な料理をするのは、もったいないことである。上に紹介した3種類のウコギ科の芽の料理を参考に、その香りを楽しむ料理を工夫してもらいたい。

　4月半ばを過ぎて伸びた若葉と葉柄とは、まだ十分柔らかく、汁の実、野菜との炊き合わせ、卵とじにすると、硬い芽の天ぷらでは味わえなかった本当のタラの芽の香りと味とを楽しむことができる。タラの芽採りの時期と料理法とをよく考えて料理をすることをお薦めする。

野草のあれこれ

● 樹皮で作れる薬用酒

　タラノキの樹皮は、サポニンを含み、血糖値を下げる妙薬として漢方薬店で「たらぼく」として売っている。これを35度のホワイトリカーに3ヶ月間漬ければ、優れた薬用酒となる。

　ロシア極東のウラジオストック、ハバロフスク地方には、たくさんのタラノキが生育している。このタラノキの根を、砂糖と共にヴォトカに漬けたアラリエバーヤ（タラノキの学名の *Aralia elata* による）というスピリッツが市販されている。瓶のラベルには雄の鹿が吠えている絵がつき、精力をつける酒であることが宣伝されている。甘口の美味しいヴォトカであるが、残念ながら地域限定品で、外国へは輸出されていない。

ⓘ25 マタタビ

マタタビ
マタタビ科マタタビ属 *(Actinidia polygama)*

マタタビの春の若芽（5月3日）。
まだ「木」になる前の柔らかい若芽を
折り取って使う。

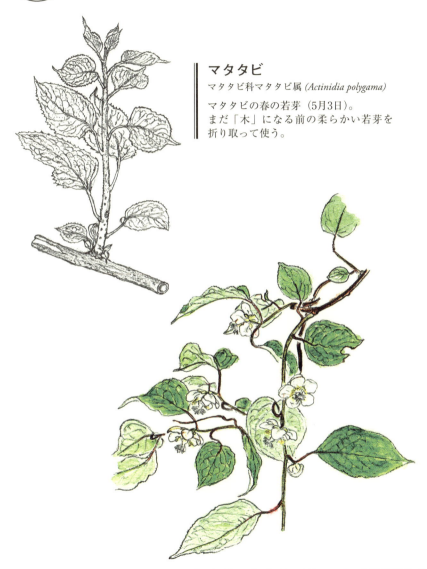

マタタビの初夏の花（6月24日）。これは雌雄両性花であるが、秋の実りを考えてなるべく雄花を使うこと。雄花は雄しべだけで、後に実となる子房がない。

マタタビの若芽の利用

　猫の好物で、また、マタタビバエの幼虫の入った虫瘿が強壮薬になるので有名である。都市近郊の低山地帯から奥山の山地の沢沿いには、たくさんのマタタビが生える。

　秋の実だけがマタタビの利用法ではない。マタタビの春のまだ柔らかい若い芽（59ページ図上）は、味噌汁の具として大変美味である。また軽く茹でてからサラダの具として、マヨネーズで食べると美味しい。少しエグ味があるので、天ぷらにしてエグ味を飛ばすのもよい調理法である。4～5月のハイキングの格好のおみやげとなる。若芽は、上から4～5芽程度の茎の柔らかいところから摘み採る。茎が固くなったものは使わない。

花の利用

　精力酒として珍重されるマタタビ酒は、秋の実の虫瘿を焼酎に漬けたものである。ここでは芳香の花のお酒を作ろう。

　5～6月、谷に突然芳香がただよう場所がある。大抵はマタタビの花がそのもと。白い花は甘い香りを漂わせる。

[作り方]

秋の実りを考えて、雌雄異株の雄花のみを採集し、1ℓのホワイトリカーにグラニュー糖をあらかじめ、100～200gをよく溶かしたものを用意して、そこに50gの花を6時間を限度に漬ける。ウワミズザクラとはまた違った、甘い香りの花の酒となる。ホワイトリカーにはあらかじめグラニュ糖（100～200gで十分）を溶かしておかないと、苦みが一緒に浸出するので注意。飲むのは1ヶ月以上置いてまろやかになってから。

野草のあれこれ

● モウソウチクの伝来時期

モウソウチク、ハチク、マダケはいずれも中国から日本に入ったものであるが、モウソウチクは、日本にもっとも遅く、江戸の文化年代に入ったといわれている。ハチクはこれに比べはるかに早く、縄文時代にはすでに日本に入り広く食用、用材、武器に用いられたという。マダケは日本ではおよそ中世の12～3世紀ごろから使われるようになったが、食用としては苦いこともあって、貝原益軒はその著書「菜譜」[7]でハチクがもっとも味が良いとしている。貝原益軒の活躍した元禄時代にはまだモウソウチクは入っていなかったのでこの記述は当然であろう。
NHKテレビ大河ドラマ「黒田官兵衛」の中で、利休が作った竹の花活けを秀吉が投げ捨て、それが割れる有名なシーンがあった。TV画面に映った割れた花活けはなんと節が一筋のモウソウチク。16世紀にはまだモウソウチクは日本に入っていなかった。歴史ドラマは、植物の「歴史」にも忠実でなければ、「歴史」ドラマとは言えない。

㉖ ハチク

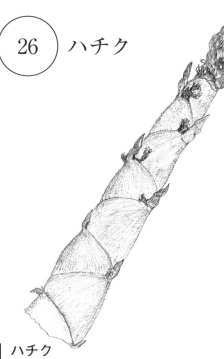

ハチク
イネ科マダケ属 *(Phyllostachys nigra var. henonis)*

ハチクのタケノコ（5月18日）。地上50cmほどに伸びたものでも十分食べられる。掘るのではなく、根元で折り取ればよい。

春を代表するタケノコを山菜とするのも奇妙ではあるが、栽培のすすむモウソウチク *(P. heterocycla)* と違って、ハチクは稀にしか市場には出ない。モウソウチクが終わった5月末に、モウソウチクより赤紫色の濃い鞘に包まれた細長い筍を出す。この筍は、地上50cm程度まで伸びた状態で刈り取っても十分やわらかく食べられる。堀採る手間はまったく不要である。もとは他のタケ属と同様中国から入ったもので、最初は栽培されたというが、今では山地から平野部の大小の河川の堤など、いたる所に大きな藪をつくる。

モウソウチクとの違いは、節の形である。この竹は必ず2本の筋が入る（モウソウチクは1本）。

西日本の自然の中で、タケ類が猛烈な勢いで繁殖し続け里山を破壊する元凶のひとつとなっている。河川の堤防を崩すような採取は厳禁であるが、里山のタケ類は今刈り取らないと、日本の植物生態系はとんでもない事態になるといわれている。ねっとりとしたモウソウチクとは一味ちがう、さわやかな味とぱりぱりとした食感にファンも多い。ぜひ沢山採って食べていただきたい。しかし個人所有の竹藪の場合は必ず許可をもらわなければならない。また砂防のために植えたところもあるので注意をしなければならない。

マダケ：イネ科マダケ属 *(Phyllostachys bambusoides)* は前種と同様、中国から入り、材と竹皮がいろいろな細工ものに使われる有用な竹であるが、これもまた原野から山地に逃げ出して大きな藪をつくり、植物生態系のバランスを危うくしている。節の筋はハチクと同様に2本であるが、この筍はもっとも遅くモウソウチク、ハチクが伸びきった5月末～6月末まで出る。これも食べられるが、別名苦竹という通り苦いものがあり、よくよく茹で水にさらして苦みを抜かないといけないので、あまりお薦めではない。

旬のタケノコの「すぶた」

　筆者の子供のころ、家の定番料理の「すぶた」は中華料理の酢豚ではなく、タケノコと豚の薄切り肉とをいっしょに炒めて、酢と醤油で味付したものであった。長じて本物の酢豚を食べ、初めて「我が家のすぶた」がまがい物であることを知ったが、旬のタケノコを使った「我が家のすぶた」の方がはるかに美味しかった。

　この料理は母親の料理ではなく、今から100年以上前に父親が勤務していた出版社の社員寮のまかない料理であった。父親がまかないのおばさんに聞いたレシピを母親に伝授、以後子供のころのうれしいごちそうとなった。

これぐらいが食べごろ。大小のハチクの収穫。大なべに入れて、米ぬかを片手で2握りほど加えて、頭をカットしたタケノコを皮のついたまま30分ほどよく茹でる。煮汁が冷えるまでまつ。

【料理法】タケノコの酢豚

　ハチクの筍は、茹でるときに十分ゆでる方がよい。中型のものは頭の部分をカットして、米ぬかをいれた水に皮ごと入れて、水から30分ほど茹でれば柔らかくなる。パリパリした食感を生かした料理法として、以下のタケノコと豚肉の「すぶた」をお薦めする。

[材料基準量]
薄切り豚肉（小間切れでよい）…200g
茹でたタケノコ…300g
薄口しょうゆ…大さじ5杯
米酢…大さじ5杯
砂糖またはミリンを隠し味に加えるとよい。

[作り方]
❶ フライパンにサラダオイルをやや多めに引いて、豚肉をよく炒める。
❷ そこへ食べやすい大きさにカットした茹でタケノコをいれて炒めながら、淡口しょうゆを大さじ3杯、酢大さじ3杯を入れて煮る。ミリンも大さじ1杯ほど入れると味がまろやかになる。汁が少なくなったら出来上がり。
❸ 豚肉の代わりに、皮つきの鶏肉でも大変おいしい。この料理はモウソウチクのねっとりとしたタケノコと煮ても勿論よいがハチクのタケノコとの相性が良い。

初夏〜真夏

若菜と若芽の春が過ぎ、初夏を迎えた野、里山、山にはまた、夏の草が育ち、美しい花、初夏の実りが、私たちを待っている。

くさいちごの実り　画本野山草：橘保國（宝暦五）1755年版[8]より作図

18世紀、江戸に先駆けて大坂と京に上方文化の華が開いた。大坂では橘守國・保國親子による、花鳥画とは一線を画す独自の動物・植物画の絵手本が次々と出版された。京には、本草学者小野蘭山とその弟子の島田充房による、日本初の本格的植物図鑑である、「花彙」が刊行された。江戸時代の市民の、無類の植物好きをこれらの本が後押しをした。

　これらの書物に描かれた植物画の多くが、後々、飢饉のときの「救荒植物書」にもそっくり用いられ、ただ美術趣味のためだけでなく、人々の救済にも役に立ったことを忘れてはならない。

絵本野山草（画本野山草）
　宝暦5（1755）年版刊行。作者橘保國は、享保〜延享年代（1716〜1747年）、絵本通宝志、絵本鶯宿梅、絵本写宝袋など、多くの優れた絵手本を著した、橘守國の子息である。
　絵本野山草は、オランダ使節として来日していた、リンネの弟子であった、ツュンベリーの目に留まり、同書はスウェーデンにまで持ち帰られ、そのあとに続くヨーロッパ人学者による、日本の植物研究に大きな影響を与えた。
　保國の本には、いくつかの間違いがあることが指摘されているが、本草学者ではなかった保國としては、やむを得ないことである。
　実際、掲載した「クサイチゴ」は、絵本野山草では、「覆盆子：いちご」としてあり、さらに本文では、〝ふゆいちご、また、かんいちごともいう。〟と述べているが、実のつき方、葉の形、また梅にも似た純白の花の形から、初夏に実る、美味しいクサイチゴであることは明らかである。
　なお、八坂書房「生活の古典双書」の一つとして復刻された「絵本野山草」の解説を担当した、岩佐亮二によれば、これを、ナワシロイチゴとして、「枝のとげを欠き、花序の着生位置と小葉の形を誤っている」としているが、絵が誤りなのではなく、岩佐のナワシロイチゴという解釈が誤っている。後掲のクサイチゴ、ナワシロイチゴ、フユイチゴ各図版を見て頂ければ、保國、岩佐ともに間違いであることがよく分かる。

27 ツルアジサイ・イワガラミ

ツルアジサイ
アジサイ科アジサイ属 *(Hydrangea petiolaris)*
ユキノシタ科から独立。ツルアジサイの夏の花（6月12日）。

　比叡山、京都北山など、近畿地方の山地、山麓にきわめて普通に生える。大きな木に巻きついて、夏に見事な白い花を咲かせる。ツルアジサイは4枚の装飾花。大木につるを絡ませるため、日本の林業では嫌われ者のツルアジサイは、ヨーロッパでは、壁面を飾る美しい花として大人気である。装飾花はアジサイ属共通の4枚である。また葉の鋸歯が細かい。食べるのは5月初めの若い葉。イワガラミは別の属で、装飾花はアジサイ属とは異なり1枚である。花時は容易に区別がつく（66ページ図）。花のない時は、葉の鋸歯が粗いのでツルアジサイと区別できる。

　アジサイを食べて中毒という記事が新聞をにぎわしたことがある。上記の2種はおなじアジサイ科であるが、古くから山菜として食べられて、その安全性が確かめられている。

　不思議なキウリの香りの山菜を試してほしい。

イワガラミ
アジサイ科イワガラミ属 *(Schizophragama hydrangeoides)*
ユキノシタ科から独立。イワガラミの初夏の花（6月4日）。

【料理法】みそ汁の実・若葉のサラダ（共通）

　これらの木の若葉は、どちらもキュウリに似たさわやかな香りで、特に味噌汁の実に大変よく合う。また手早く茹でて水にさらしたものをサラダに加えるとよい。キュウリがないのにキュウリの香りがする不思議なサラダとなる。筆者は山菜の天ぷらを推薦しないが、ここでは天ぷらも試すとよい。世の中におよそキュウリの天ぷらというものはないが、ツルアジサイ、イワガラミの若葉の天ぷらは、不思議なキュウリ香味の天ぷらを届けてくれる。

28　ウド

ウドの若葉
ウコギ科タラノキ属 *(Aralia cordata)*
（5月11日）。食べるのは、太い株の若葉と柔らかい茎がよい。

　今では軟白栽培の栽培品が出回っているので珍しいものではないが、タラ、コシアブラなどと同じウコギ科の植物で、健康食品といえる。野生のウドも栽培品も全く同じであるが、香りを楽しむのならヤマウドに勝るものはない。各地の丘陵から低山地帯、山麓によく見掛ける。

　栽培ウドはもっぱら軟白栽培した茎を利用し、表皮を取り除いた茎の部分を薄く切って、二杯酢または三杯酢、酢味噌和えなどで食べる。野のうども固い表皮部分を厚く切り取って、同様に食べることができるが、ここでは初夏に若葉を広げたウドを上の柔らかい部分を摘んで醬油炊きにする調理を紹介しよう。

お酒にも、ご飯にも美味しい、本物の山ウドの炊きもの

5月ごろ、少し伸びたウドの上部の柔らかい部分（上から手で容易に摘み取れる部分）の約5cmほどを茎ごと採り、葉と皮を剥いた茎とを一緒に一度あくを抜く要領で軽く茹でる。水を絞り、適当な大きさに切って、一緒に醤油とだし汁とで濃く煮付けると素晴らしいおかずになる。このとき好みによりサンショウの実を一緒に加えると一段と味が良い。砂糖は隠し味程度にする。砂糖の代わりに梅酒を適量入れるとさわやかな梅の香りが加わった煮物となること請け合いである。

【料理法】ウドの若芽・若葉の炊きもの

軟白仕立てのウドの茎の味しか知らないのはもったいない。5月末にすっかり伸びたウドの若芽・若葉と柔らかい茎とを一緒に美味しくいただく料理。

[材料基準量]
生のウド…500g
日本酒…1/2カップ
ミリン…1/4カップ
濃口醤油…50〜80mℓ
水…2カップ
粉末カツオだし…4g（1袋）のだし汁

[作り方]
❶伸びてしまった5月も末のウドの若芽と若葉をたっぷりの湯で軽く茹でてあくを除いておく。
❷茹であがったら水を切り、揃えて食べやすい大きさに切る。
❸鍋に日本酒、ミリンを入れてアルコールを飛ばし、粉末かつおだし、淡口醤油または濃口醤油を加えただし汁で煮る。

29 アカザ・シロザ

アカザ　ヒユ科アカザ属
(Chenopodium album var.centrorubrum)
葉の付け根が紅いアカザ（6月25日）。アカザは荒れ地に生え、肥えた畑地にはあまり見られない。

シロザ　ヒユ科アカザ属
(Chenopodium album)
いずれもアカザ科からヒユ科に変更。こちらは葉の付け根が白い。植物学的にはこちらが母種（7月13日）。

　昔から救荒植物としてよく知られているが、第2次大戦中でも口にすることはなかった。アカザの植物学的母種はシロザで、葉の中央が紅色となるアカザは変種である。普通、野に生えるのはシロザである。

【料理法】アカザ・シロザの若葉の汁の実・サラダ
　若いアカザ・シロザの葉を摘んで、みそ汁の実にすると、意外にも美味しい。葉物野菜の少ない夏に、さっと茹でて、サラダに加えるとこれも意外の美味しさにびっくり。
　シロザの仲間はヨーロッパにも広く分布する。モスクワ滞在中、葉物野菜を食べないロシア人の習慣のため、市場で葉物野菜が入手できず、菜っ葉に飢えていた筆者は、市内の道端に沢山生えるシロザを採ってスープに入れてみた。洋風のスープにもよく合う美味しさにその後しばしば採ってきては「緑野菜」を補給した。まさかの時の救荒植物も十分美味しい。ぜひ一度試してほしい。

初夏〜真夏

30　ヤブカンゾウの花

ヤブカンゾウ
ワスレグサ科ワスレグサ属 *(Hemerocallis fulva var. kwanso)*
ヤブカンゾウの夏の花。雄しべが花弁に変化して、八重咲になり種ができないのでたくさん摘んでも絶えることはない（7月6日）。

一重も八重も食べられる

　夏の一日花は、貝原益軒の「菜譜」には、中国の古典を引用して、「単弁のものは食うべし」、「千弁（八重）のものは食せば人を殺す」と紹介されているが誤りである。一重・八重の花ともども、安心して食べられる。ワスレグサ属は、ヨーロッパ、アメリカにアジアから導入されて、その美しい花から、園芸植物として大人気である。最近、科の学名そのままに、ヘメロカリスの名前で日本に逆輸入されて、公園の花壇を飾り、「西洋の花」として定着し始めている。いたずらにカタカナ名をつけて、人を驚かしてはいけない。日本の園芸家の無定見がここでも問われている。そんな園芸家の思惑は忘れて、野に溢れる美しくも美味しい花を食べよう。

ヤブカンゾウの花

野草のあれこれ

詩経国風

衛風諼草　わすれぐさのうた

使我心痗い　すっかり心がいたい
願言思伯　いつも思いつづけて
言樹之背　裏庭に樹えておくれ
焉得諼草　忘れ草があったら
伯兮　　　兄さん

白川　静　「詩経国風」、東洋文庫518
平凡社、1990年による

　科名のワスレグサは、「詩経国風」の「諼草：忘憂草」による。
　「去って行った男を思いいつつも痛む私の心を忘れさせるために、憂いを忘れさせる諼草（わすれぐさ）を裏庭に植えておくれ」という女の心を歌った詩として、古くから知られている。

【料理法】ヤブカンゾウの花のサラダ

　一日花も、早起きすれば今朝咲いたばかりの美しい花に会える。それを採って食べてみよう。明日咲くつぼみも一緒にたくさん摘んで、お湯にさっと通し、水をよく切って冷蔵庫で冷やしておく。柔らかい花なので、茹ですぎないように注意すること。開いたばかりの花ならば、水で洗うだけでもよい。

レタス、サニーレタスなど、緑色の野菜サラダに、今朝開いた、洗っただけの生の花をトッピングすれば、花の色が映えて、豪華で綺麗なサラダとなる。

和風であれば、ヤブカンゾウの花を80℃以下の低温でさっと湯がいて、水を絞り冷やしておく。絹ごし豆腐、わかめ、出始めた大葉（青じそ）に和えれば彩りも鮮やかなさわやかなサラダ。二杯酢・和風ドレッシングで頂く。

初夏〜真夏

31　イワナシ

イワナシ
ツツジ科イワナシ属 *(Epigaea asiatica)*
イワナシの若い実（5月3日）。
もう少し熟すと甘酸っぱい美味しい実となる。

イワナシの甘い実を食べられるのは、近畿地方の山歩き人の特権？

　イワナシの実を食べる風習はどうやら江戸時代からのことらしい。正徳3 (1713) 年刊、寺島良安の有名な「和漢三才図会」草類の最後に、「伊波奈之」として、「江州三井寺山中に有り…青梅のような子を結ぶ。小児皮を剝いて食す」とある。近畿以外の土地では、高山にしか生えないイワナシを食べることは、昔から近畿地方の子供たちのまさに「特権」であった。

　時折、京都東寺の春の弘法市で、花時のイワナシを盆栽に仕立てて、結構な値段で売っていることがある。しかし、この植物は、おそらく何らかの菌類と共生するためか、移植しても絶対に根がつかない。生育地の環境を大事に守って、美味しい実りをいただくことが肝心。

㉜ キイチゴを楽しむ

　子供から大人までだれもが大好きなイチゴは、南米原産の原種がヨーロッパで品種改良されたオランダイチゴである。一方、ケーキを飾る人気のラズベリーはキイチゴであるが、日本にも昔から美味しいキイチゴがたくさん生える。

ナガバモミジイチゴ
バラ科キイチゴ属 *(Rubus palmatus)*
ナガバモミジイチゴの実り(6月3日)。色は橙色で、紅くはならない。

　6月の初め頃、緑の細い幹に刺の一杯ある、長いモミジの葉をした低木に、橙色の可愛いイチゴの実が結ぶ。これがナガバモミジイチゴである。近畿地方の丘陵地帯、山道、渓谷のどこにでも生えている。日本の植物をヨーロッパに紹介したツュンベリー *(Thunberg)* は有名な Flora Japonica[9]の中で本種を、日本名 KiItsigo として上記学名を初めて記載し、「果実は黄金色を呈し、食べられ、味が良い」と紹介している。異国の土地で、ただ植物を観察するだけでなく、味を確かめる学問的好奇心に脱帽である。関東以北のモミジのような葉のモミジイチゴ *(R.palmatus forma coptophyllus)* は、母種ではなく品種である。

初夏〜真夏

クサイチゴ
バラ科キイチゴ属 *(Rubus hirsutus)*

クサイチゴの実り（5月20日）。
柔らかい実は、丁寧に摘まないと
すぐにつぶれるので注意。

　名前はクサであるが、立派なキイチゴ。道端から低山地帯に普通に生える。小型のバラのような4月の白い大きな花が美しい。5〜6月になると、中型の紅い実をつける。刺もほとんどなく、実を摘むのはいたって簡単であるが、柔らかい実は、紙袋やかごにそっと入れて、つぶさぬように持ち帰る必要がある。

ナワシロイチゴ
バラ科キイチゴ属 *(Rubus parvifolius)*

ナワシロイチゴの実り（7月8日）。
花は、紅紫色の小さな花で、野原のどこにでも生えるキイチゴで、川の土手によく懸崖つくりのように枝がたれさがっている。近畿地方に普通。6〜7月になると固い刺の間に小型の実を沢山つけるので収穫は面倒臭い。

キイチゴを楽しむ

ニガイチゴ
バラ科キイチゴ属 *(Rubus microphyllus)*

ニガイチゴの実り（6月7日）。名前の通り、種をかむと苦みがある。

　里山から丘陵地帯に普通に生えるキイチゴである。全体に小型の木で、葉も花も他のキイチゴ仲間より小振りであるが、株が大きく広がり、枝がたくさん伸びて、一枝に沢山の実が連なる。北海道を除く日本各地の里山に普通に生える。幹に沢山の刺があるので、素手で取ると引っ掻き傷ができてしまう。採取には指先を空けた手袋が便利。

初夏〜真夏

●キイチゴの実の食べ方

小さなキイチゴの実は一度にたくさん採れるとは限らない。ハイキングの途中で見つけたらその場で食べるのが一番良い。もしも大きな株や群落を見つけたら、丁寧に採種して、実をつぶさないように紙袋にそっと入れて持ち帰り、次のような料理をすることもできる。ただしニガイチゴは噛んで種をつぶすとすこし苦いので、食べる時に種をつぶさないように注意。

【プリザーブ】…普通のジャムのように実をつぶさぬように、水をたくさん加えずに、実と同量の白砂糖で、弱火でとろとろと煮て作る。学名のRubusのとおりの、ルビーの実の残る上品なジャムとなる。

【イチゴシロップ】…イチゴと同量の白砂糖とを、多めの水でゆっくりと煮る。濃いイチゴシロップに仕立てて、紅茶のおともにする。ヨーグルトに入れても美味しい。

【料理法】ナワシロイチゴのシロップ

6月末から7月中頃まで、小川の斜面に小さな赤い実を連ねるナワシロイチゴ。小さいけれど鋭い刺をかわして丁寧に摘む。

種が固いので、ジャムにするというよりも、プリザーブあるいはシロップに仕立てるとよい。実と同量の白砂糖を入れて、焦げ付かないようにごく少量の白ワインか水をいれて、弱火でゆっくりと加熱する。濃いシロップは、キイチゴの香りと酸味とがたっぷりで美味しい。ジャムやシロップと一緒に砂糖を入れない濃い紅茶を飲む、ロシア風ティータイムを楽しんではいかがですか。

33　ビワ

ビワ
バラ科ビワ属 *(Eriobotrya japonica)*
ビワの実り（6月7日）。野生のビワの実は食べるところも少ないが、使い方次第では素晴らしい里の恵み。

ビワの冬の花
花が少なくなる真冬にあたりに芳香を放つビワの花。芳香は、梅、アーモンドなどと同じ杏仁の香りである。細かい毛に包まれた花茎と萼とに守られて、ビワの実はゆっくりと夏まで育ち、甘い味を届けてくれる。

　ビワは日本にも野生種があるというが栽培される果樹である。種が大きく、食べる部分は少ない。種子をいたずらに蒔けば簡単に発芽し大きな木になる。こうして育った木に成る実は元の大きな実からは想像できない貧弱な小さなものである。特に鳥に運ばれて野山に逃げた（エスケープ）半野生のビワの実は小さくてほとんど食べるところがなく、ヒヨドリやスズメの食べ物になっている。半野生の実を美味しく賞味するレシピがある。鳥たちに少し遠慮してもらって、実を採取して種だけを取り出す。

初夏～真夏

里山の実りが作る宝石！

【料理法】ビワ酒

夏のビワの実をホワイトリカーに漬けること6ヶ月、玉椀盛り来る琥珀の光。果実酒のレシピは、以下の通り。

[材料基準量]
ホワイトリカー…1.8ℓ
ビワの実と種子とも…600〜800g
氷砂糖…100〜200g

[作り方]
実と種子の両端を切り落として一緒にホワイトリカーに漬ければ、素晴らしい香りのビワ酒となる。ビワの実が甘いので、氷砂糖は梅酒の半分程度でよい。3ヶ月は待つこと。1年以上待てばさらによい。

【料理法】種子の蜂蜜漬け

これは、ビワの種を食べるのではなく、種に含まれる杏仁の香りを蜂蜜に取り込み、香りのないアカシア蜂蜜を美味しい蜂蜜に変える魔法。

[作り方]
よく洗った種子の端を包丁でカットして水気をきってから、蜂蜜1kgにつきビワ種子約100gを漬けて3ヶ月ほどで種子を取り出すと、香り高いビワ蜂蜜となる。

その蜜をフランスパンにのせ、紅茶に添えて食べれば、すばらしいティータイムとなる。ビワの種子にはアミグダリンがあり、わずかながら青酸化合物を含むところから、青梅の実と同様に過食は禁物であるが、上の蜂蜜中のビワエキス濃度で中毒をすることはない。

34 アカメガシワ

アカメガシワ
トウダイグサ科アカメガシワ属 *(Mallotus japonicus)*

雄花（6月22日）。若い本年の徒長枝は、葉も大きくお茶を作るのには最適である。8月、葉がもっとも茂る頃採ったものが香りがよい。

飲めばホッとする香りのお茶

　トウダイグサ科の植物（有毒のノウルシ、ポインセチア、ナンキンハゼ、アブラギリなど多くの植物がこの科に属する）の中には、種子から油を採る、樹皮を駆虫剤とするなど変わりものが多い。アカメガシワはその中で、素晴らしい薬をもたらしてくれる植物である。名前の由来は、春の芽生え（落葉樹）に枝の先端の若葉が美しい赤色であることによる。ブナ科のカシワの葉の代わりに、昔はアカメガシワの葉に飯を盛って神前に供えたことから、カシワの名が付け加わったという。

　古くから民間薬として、胃腸の痛みを和らげる薬とされていたが、ある大手製薬会社が樹皮から抽出した成分を使った胃腸薬が医療用として開発されている。平地にも山地にもごくありふれたこの樹木を活用しない手はない。民間薬・漢方薬の手引書にしたがえば、夏の盛りの大きな葉を乾燥して煎じると胃腸薬、胆石を取る薬として効能があるという。

初夏〜真夏

アカメガシワ

【料理法】アカメガシワの葉のお茶

[採取のこつ]

夏の盛りになるべく若い枝（今年伸びた徒長枝がもっともよい）を、葉をつけたまま、できるだけ長く切り取り、さかさまにして陰干しをする。乾燥途中から良い香りがあたりに漂い始める。2〜3週間干して十分乾燥したら、葉を丁寧に集めて、湿らないように袋に入れて保存する（湿気とカビを防げば、1年以上保存がきく）。樹皮も剥いで一緒に保存する。この植物は極めて生命力が強く、荒地に真っ先に生えるパイオニア植物であるが、若い株の枝を切り取っても、毎年必ず「ひこばえ」が生じて復活する。このような株を見つけて「自分のアカメガシワ」として確保しておけばよい。

[作り方]

❶ 漢方ではこれらを「煎じる」とあるが、そのような手間は不要である。4〜5枚の大きな葉をもんで、大きめの茶碗（200㎖程度）に入れて、上から熱い湯を注ぎ、待つこと2〜4分で香りのよい「お茶」が入る。これを飲むと強いストレスで気分が晴れることがない現代人を「ほっ」とさせる素晴らしい効能に驚く。薬を買うまでもない。茶碗にいれた葉（樹皮も適宜一緒に使えばよい）は3回は繰り返し使えるので、とても便利である。

またお酒を飲みすぎたと思ったら、温かいアカメガシワ茶を飲めば二日酔い防止にもなる、酒呑みには必須の、常備の「里山の恵み」である。

❷ 大量に作るには1.8〜2ℓ程度の湯を沸かし、その中に50g程度の葉（茎、樹皮がまざっていてもよい）を入れて、2〜3分ほどぐらぐらっと煮て、葉と樹皮を取り出し冷ましてから、ペットボトルに入れて冷蔵庫で保存する。黄金色の香りのよい飲料は、人工香料と人工色素だけの炭酸飲料のはるか上をゆく高尚な飲み物である。

❸ 煮だした液には、葉、茎に生える細毛が入り込むので、そのまま飲むと口当たりが悪いので、ペットボトルに保存する際には、キッチンペーパー、コーヒーフィルターなどで濾して保存するとよい。

野草のあれこれ

● 枝を採るときの注意

アカメガシワは、葉の付け根の葉柄部分に蜜腺がある。蜜を求めてたくさんの蟻が群がる。それにかまわず枝をかついで歩くと、蟻たちは驚いて、首筋、袖口から人の体に逃げ込む。枝を切り取ったら、必ずよくよく払って、まず蟻を落とさないといけない。そのまま家に持ち帰り部屋の中で干せば、部屋に蟻が群がることになる。注意をしよう。

35 マタタビ虫癭

マタタビ
マタタビ科マタタビ属 *(Actinidia polygama)*

マタタビ虫嬰（8月23日）。マタタビミバエの産み付けた卵がかえり、幼虫で膨らむ。8月には実ることなく落下するので、早く採りに行く方がよい。

　8月初めから中ごろになると、マタタビは実を膨らまし始めるが、正常な実はラグビーボールをさらに細くしたような実でまだ固く、渋くてえぐくてとても食べられない。マタタビミバエの幼虫の入った虫癭は、こぶをいっぱいつけた大きな実となり、早くも8月終わりには落下し始めるが、実ったわけではない。これもさらにエグくて普通には食べられない。これを蒸して乾燥して薬とするのである。

> 【料理法】マタタビ虫瘿（ちゅうえい）のピクルス
>
> 今から10数年以前、滋賀県朽木の道の売店（栗本重太郎さん）で、この虫瘿を酢漬けにして売っているのに出くわした。すっかり食べやすくなって、ビールのおつまみにもよい。そこでもう少し食べやすく、お茶請けにもよいようなレシピをと考えて、工夫したのが蜂蜜酢漬けである。
>
> [材料基準量]
> マタタビ虫瘿（生のもの）…500g
> 酢…500㎖
> 蜂蜜…100g
>
> [作り方]
> ❶ マタタビ虫瘿をよく洗って水切りをする。
> ❷ 虫瘿の同量から2倍の分量の酢に、その20％程度の蜂蜜を入れてよく溶いて、そこへ虫瘿を入れて弱火でゆっくりと火を通し、沸騰したら火を止める。あまり煮過ぎて実が柔らかくなると、かえって美味しくないので、注意すること。
> ❸ これを冷蔵庫に入れて、1週間から1ヶ月ほど保存して、ピクルスを作る（1年でも2年でも保存可能）。また酢のほうは、冷水で薄めれば夏の健康飲料となる。
> ❹ 飲料を主とする人は、酢を虫瘿の3〜5倍ほど（蜂蜜の分量は変わらない）に増やし、より長い間漬ければよい。

野草のあれこれ

● 日本の園芸を手本にしたイングリッシュガーデン

ヨーロッパはアルプス山脈のために、氷河期に多くの植物が南へ逃げることができずに絶滅し、イングリッシュガーデンに始まるヨーロッパの園芸を飾る花と実の大多数は、日本を含む東アジアの植物を導入したものである。とりわけ、江戸時代に花開いた市民階層による日本の園芸は、実はイングリッシュガーデンのお手本であった。

ヨーロッパの庭園を飾る樹木の図鑑として、オランダで出版された本には、日本から導入された多くのつる性園芸植物に交じって、マタタビの兄弟のミヤママタタビ (*Actinidia kolomikta*) が記載されている。「初夏その葉の先が白くなる。果実は食べられる。葉の若いうちは、猫がその香りにくるってかじられてしまう」などと紹介されている。

The Complete Encyclopedia of Trees and Shrubs, Nico Vermeulen, Rebo publ., The Nederland, 2nd ed., 2006

日本では、高木につるをのばし、スギ、ヒノキを痛める厄介者として林業者に容赦なく切り取られるツルアジサイ（65ページ）は、イギリスに入って、壁面を白い花で飾る大切な園芸植物として大人気である。大英図書館のカフェテリアの赤いレンガの壁から、キューガーデンの入口の赤レンガの壁、郊外の貴族の別荘を改装した高級ホテルのイングリッシュガーデンの壁面に、ツルアジサイが白いアジサイの花をいっぱいに咲かせている。

秋の恵み

エビヅル虫を取る図　日本山海名産図会　巻之二　法橋関月書画、寛政11（1799）年版[10]より作図

実りの秋は、米だけではない。野も山も美味しい実りに溢れる。野生のブドウの一種のエビヅルは、すでにブドウ栽培の始まっていた江戸時代には、果物としての需要ではなく、茎の中にもぐり込むブドウスカシバという蛾の幼虫であるエビヅル虫を取るために、蔓ごと採収していた。中の幼虫は、子供の疳の虫に効くといわれていた。しかし、この書では南都（奈良）にはブドウがないので、この実の種を取り去ったものを煎って食べるとしている。

日本山海名産図会

法橋関月書画、寛政10(1798)年刊、全5巻。伊丹の諸白に始まり、石材、山野の産物、鳥獣、水産物、焼き物、織物、に至る当時の日本の産物を、作業の図から産物の図まで、法橋関月の巧みな絵を附して詳しく解説する（著作者は必ずしも明らかではないが、最終の編集は関月がまとめ上げたとの説が有力である）。

　これより先、宝暦4(1754)年初版、寛政9(1797)年重版の、「日本山海名物図会」、全5巻、平瀬徹斎撰、長谷川光信画、もまた絵を中心に、簡単な解説を付けて諸国の産物を記録して、広く庶民を啓蒙している。撰者の平瀬徹斎は、名産図会の最初の発案者であったといわれている。

　江戸時代18世紀後半ともなると、世界でも稀な隆盛の出版文化のもと、多くの優れた啓蒙書、博物書が庶民に広く迎えられて、人びとは自分たちを取り巻く国の有りよう、日本の自然を知るようになった。日本山海名産図会もまた優れた絵と解説とから、諸国の産業、産物を知り、比較し、幕藩体制の枠を超えて、自分たちを客観的にとらえる一助となったに違いない。

36 エゴマ・レモンエゴマ

レモンエゴマ
シソ科シソ属 *(Perilla frutescens var. citriodora)*
エゴマ *(Perilla frutescens var. Japonica)* には毛がない。料理にはどちらも利用できる（9月25日）。

　エゴマは江戸時代以降なたね油の生産が一般的になるまでは、日本の油の主要な資源であった。もともと中国から渡来したといわれているが、上述の理由からエゴマが放置された後は、山野の到る所に逃げ出して大繁殖し、今では日本の在来植物のような顔をしている。韓国では今でも重要な蔬菜であるが、シソに比べると癖のある香りに日本ではほとんど食べることはない。

　7月から8月、若い葉を集めて塩漬け保存し、塩出しをして握り飯を包むと美味しいお弁当となる。大阪鶴橋の韓国食料品店では、塩漬けの葉は韓国料理に欠かせない人気の品である。今各地でエゴマの復活栽培が試みられ、香ばしい種子と荏の油が売られ始めた。

　しかし近畿地方では、栽培が廃れて逃げ出したエゴマが野山に有り余るほど生える。ここでは、エゴマ油ではなく、若い葉、未熟の実を使った一番お勧めのレシピを紹介しよう。少し山の中に入れば、いくらでも採取できるので、野生の味を楽しんでほしい。

エゴマ味噌を使った料理

【料理法】エゴマの若い葉と味噌の練り物

[材料基準量]
エゴマの若い葉・茎…100g
米味噌…800g

[作り方]
❶ まだ花穂が出る前のエゴマの上から3〜4段目までを摘み取り、洗ってからよく水切りをしておく。
❷ 刻んだエゴマの葉・茎(柔らかいところ)を大さじ1杯程度のサラダオイル、グレープシードオイルなど、くせのないオイルで手早く炒める。
❸ これを米味噌の中によくよく混ぜ込む。最低2週間保存後、エゴマの香りが味噌によく移ってから食べる。苦手な人もきっとエゴマを見直す事請け合いである。なおこの料理にはレモンエゴマの葉も同様に使える。

【応用その①】エゴマ味噌と豚肉の炒めもの

[作り方]
　上で作り置いていたエゴマ味噌を、薄切りの豚肉と混ぜて、サラダオイルあるいはグレープシードオイルで炒める。エゴマの香りが豚肉の匂いを上手にくるみ、美味しい肉炒めとなる。鶏肉を使っても大変美味しい。

【応用その②】豚肉・鶏肉のエゴマ味噌漬け

[作り方]
　豚のフィレ肉、三枚肉の塊、または鶏肉の胸肉やもも肉の塊を、よく蒸すか茹でて脂肪分を取り、よく水を切って冷ましておく。これを適当な厚さに切って、それぞれをエゴマ味噌でまんべんなくくるみ、ラップしておく。冷蔵庫に1日〜1日半程度保存してから、薄く切って食べる。エゴマ味噌の味が程よくなじんで美味しい。エゴマ味噌が固い時は、ミリンあるいは日本酒を少量混ぜてゆるめておけば、均等にくるめるが、お子様用や、アルコールに弱い人は、ミリン、日本酒をあらかじめ加熱してアルコールを飛ばしたもので薄めたらよい。

【応用その③】キウリ、ナスのエゴマ味噌和え

[作り方]
　短冊切りにしたキウリ、またはナスの輪切りを、軽くもんでから、ポリ袋に、エゴマ味噌適量と一緒に入れて、よく振る。キウリやナスとエゴマ味噌の香りとのハーモニーが、ご飯にも、ビールにもよく合う、美味しい和風サラダが生まれる。

エゴマの美味しい料理

【料理法】エゴマの若い実のつくだに

　エゴマはアオジソとよく似ている。香りを別とすればシソとそっくりで区別がつかないほどである。8月頃からシソにそっくりの、白い花の花穂を出し始める。実がまだ未熟のこの頃に花穂を摘んで、丁寧にしごいて実を取る。これをよく洗い、水を十分に切って置いておく。それを使った美味しい醤油炊き。

[材料基準量]
エゴマの若い実…300g
日本酒…1カップ（200㎖）
ミリン…80㎖
濃口醤油…80㎖
淡口醤油…80㎖
※好みによりカツオだしの素を1g程度を加えてもよい。

[作り方]
❶ だし汁をよく混ぜたところへエゴマの実を全部入れて、柔らかくなるまでとろ火で煮る。
❷ 煮汁がある程度煮詰まったら火を止めて、余った煮汁を別に保存する。残りのエゴマ実をしばらく注意深く煎り付ける。
❸ 最初に取り出した余分の煮汁は、エゴマの香りと醤油の味とが織りなす絶妙なだし汁となるので、煮物の香りづけに使うと素晴らしい自前の調味料となる。

【ひと口メモ③】
ドングリを食べよう

大粒のアベマキのドングリ

　今では誰も見向きもしないドングリは、縄文時代の原日本人にとっては最も大切なエネルギーの源であった。里山のドングリの中で、実が大きく、澱粉が作りやすいアベマキ（クヌギでもよい）の澱粉を使った、葛餅、わらび餅に似たドングリ餅？を作ってみよう。

　殻から中身を取り出して、小割にして、しばらく水に漬け、ミキサーにドングリと少し多めの水とを一緒に入れて、ドロドロになるまでよく砕き、ガーゼで濾しボールに澱粉の入っている茶色の水を受ける。この澱粉入り水を、ボールに入れておくとやがて、澱粉が沈み上にタンニン水が残る。澱粉をこぼさないように、タンニン水をこぼして、また水を入れてかき回して、澱粉を静かに沈殿させる。この作業をおよそ1週間繰り返すと、やがて程よくタンニンが抜けた澱粉が沈殿するようになる。水を注意深く切って、残りの澱粉をよくよく乾燥する。これを、葛湯を作る要領で、水に溶き、ゆっくりと火にかけて澱粉の粉が残らず透明になるまで加熱する。水の量は、ドングリ澱粉1：水10（重量比）が標準である。室温までゆっくりと冷やして、固まってから、きな粉・砂糖などをかけて頂く。

ヤマボウシ

ヤマボウシの初夏の花(6月5日)。ヨーロッパでは、Japanese Strawberry Tree という名で、公園樹として春の美しい花と秋の実が親しまれている。初夏の大きな白い花(花弁でなく苞)が大変美しい。ホウシの名は図にあるように苞が比叡山の法師が被る白い法衣に似ていることから。

ヤマボウシ
ミズキ科サンシュユ属 *(Cornus kousa)*
旧名ミズキ属から変更。ヤマボウシの秋の実り(9月25日)。

● 秋の美味しい甘い実を食べる

野草のあれこれ

里山の植物ではなく、近畿地方では500〜600mの山に生える。しかし阪本寧男京都大学名誉教授が遺伝学研究所時代に箱根のヤマボウシを研究し、公園樹にできる強い個体を選別して以来、各地で街路樹や公園樹として盛んに植栽されるようになった。秋になると丸い赤い実が沢山実る。少し黄色みを帯びる果肉は柔らかく、甘く美味しい。都会に出現した新しい秋の贈り物である。ヤマボウシの代わりに、アメリカ原産のハナミズキ *(flowering dogwood)* が日本中に植えられている。これはヤマボウシと同じ属であるが、花の苞の先が丸くへこむのですぐに見分けられる。秋の実は紅い4粒の実が実るが苦くて食べるに値しない。

㊳ サルナシ・ウラジロマタタビ

┃サルナシ
マタタビ科マタタビ属 *(Actinidia arguta)*
サルナシの秋の実り。秋の山歩きで
一番美味しい贈り物（9月2日）。

┃ウラジロマタタビ
マタタビ科マタタビ属 *(Actinidia hypoleuca)*
葉の裏が粉を吹いたように白い(8月13日)。
マタタビとは違い甘い実はサルナシと同じ。

キウイフルーツの仲間

どちらも秋の山の最高の贈り物のひとつである。それもそのはず、これらはキウイフルーツの仲間である。完熟の実を山の中で見つけた時の喜びは例えようがない。どちらも周りの大木につるをからませて上へ上へとのびる。マタタビによく似ているが、葉は少し厚く、花時にマタタビのように白くはならない。雌雄異株の花は、雄しべの花粉が黒紫色で、黄色いマタタビと違うのでよく分かる。

先ずは採ったらすぐ食べる

サルナシの甘酸っぱい実は一度食べたら忘れられない美味しさ。小さい実にキウイフルーツの味がぎゅっと詰まっている。よく熟してつぶれかけている実がもちろん甘さが強い。ハイキングで見つけたらすぐ食べる。ほどよい酸味が疲れをとってくれる。たくさん見つけたら丁寧に摘んで、つぶさないように持ち帰り、サルナシジャムを作るとよい。

未熟な実の美味しい食べ方（共通）

山歩きで完熟の実に行き当たるとは限らない、未熟な実を見つけたら、がっかりせずに採取して帰り、バナナと一緒に袋に入れて（バナナのエチレンガスにより）追熟させたら、甘く美味しく食べられる。未熟の実のいまひとつの食べ方は、実をぬか漬けにすることである。ぬか漬けの程よい酸味とあいまって珍味である。

● スイスでサルナシを食べる

機会があって、スイスのバーゼルを一日だけ訪問したことがある。ヨーロッパに渡った日本の植物の探索のため、短い時間を有効に使おうとバーゼルの駅からバスで20分ほどにある市民に無料で公開されている大学の植物園を訪問した。小さいが手入れの行き届いた植物園に、なんと日本のサルナシが植えられていた。植物園の管理棟の壁にしっかり張り付き、9月末のことなのでたわわに実がついていた。これ幸いと10粒ほどもらって食べてみると、もう甘くなっていた。思いがけない遠い地で、嬉しい出会いであった。マタタビの項で紹介したように、ヨーロッパには多くの日本の植物が導入され親しまれているが、まさかサルナシまでが入っているとは思いもよらなかった。バーゼル大学の研究者はなにを思ってこの植物を植えたのだろうか？

39 コバノガマズミ・ガマズミ・ミヤマガマズミ

コバノガマズミ
レンプクソウ科ガマズミ属 *(Viburnum erosum)*

以下3種はいずれも、スイカズラ科から独立。
コバノガマズミの秋の実り（9月24日）。

ガマズミ
レンプクソウ科ガマズミマズミ属
(Viburnum dilatatum)

ガマズミの実り（10月18日）。
こちらは里にもっとも。近くに生える。
果実はコバノガマズミにくらべ扁平で
やや小さい。

最初の2種は近畿地方の里山にごく普通の低木である。春に香りのある散房状の白い花をいっぱいにつける。コバノガマズミ（図上）は雑木林の里山、丘陵地帯に生えるためよく見かける。ガマズミ（図下）は人里に近く生えていた関係から、宅地開発のあおりでその数がめっきりと減っている。

秋の恵み

ミヤマガマズミ
レンプクソウ科ガマズミ属 *(Viburnum wrightii)*

ミヤマガマズミの実り（9月22日）。名前の通り、やや高い山に生える。実が大きく、利用するには一番よいが、奥山に出かけなくては採取できないのが難点である。

ガマズミを食べる

　利用するのは秋の実りである。秋になると枝先にルビー色の珠を沢山つける。11月を過ぎ霜が降りるころになると、よく熟して酸っぱさの中に甘味が加わる。鳥たちはこのことをよく知っていて、完熟するまで絶対に手を出さない。よく熟した実を手に入れるには鳥との知恵比べである。上のどちらも同様に利用できるが、コバノガマズミの実が幾分大きく味もよい。一番簡単な利用法は、実を採って冷凍庫に保存し、大根やカブラの漬物の色づけに使うことである。しかしせっかくの秋の実りは、ナツハゼと同じようにホワイトリカーに漬けて果実酒を作ることをお勧めする。

【料理法】ガマズミ酒

[材料基準量]
ガマズミ類の実…500g
グラニュー糖…200g
ホワイトリカー…1ℓ

[作り方]
❶ よく熟したコバノガマズミ、ガマズミの実を洗って、ざるに入れてよく水切りをしておく。
❷ グラニュー糖、ホワイトリカーに漬ける。
❸ 香りが少ないので、好みによりレモン少々混ぜるとよい。3ヶ月ほどで透明な真っ赤な果実酒ができあがる。

㊵ ナツハゼ

ナツハゼ
ツツジ科スノキ属 *(Vaccinium oldhamii)*
ナツハゼの実り(10月4日)。
ウルシ科のハゼノキとは無関係。

純日本産ブルーベリー

　日本のブルーベリーの中で一番美味しい。隔年に実りが見られるので、場所を覚えておいてそれぞれの木の成り年に訪れるとよい。

　山裾から山道の茂みの中に生える小木である。夏の終わりから晩秋にかけて、丸い黒紫の実をたわわにつける。北欧、カナダから沢山輸入される、人気のブルーベリーの仲間である。この実はハイキングの疲れをとる格好の秋の実りであるが、たくさん採れたらジャム、ホワイトリカーに漬けてナツハゼ酒に仕立てると、秋の恵みのありがたさを満喫する。味はゴバノガマズミ酒より優れている。

ナツハゼ酒の楽しい飲み方

　果実酒の飲み方など余計なおせっかいであるが、甘い果実酒をちびちび一人で飲むのも芸がない。夏の熱い昼下がり、去年仕込んだナツハゼ酒をよく冷えたコップに入れ、氷とよく冷えた水で割ると、コップ全体が濃紅のルビー色に輝く見事な宝石となる。この宝石を気前よく飲めば、真珠を溶かして飲んだクレオパトラも叶わなかった贅沢。ともどちして（友人と集まり）楽しもう。

【料理法】ナツハゼ酒
[材料基準量]
ナツハゼの実…500g
グラニュー糖…300g
ホワイトリカー…2ℓ
[作り方]
❶果実酒の要領で上の材料の割合でよく実ったナツハゼの実をホワイトリカーへ漬けこんでから、3ヶ月待つ。黒紫色のさわやかな果実酒となる。
❷漬け込みを約2ヶ月で切り上げ、残りのナツハゼの実を、改めて砂糖を足してジャムを作っても美味しいく食べられる。ただしこれは実の引き上げのタイミングが大事である。

【料理法】ナツハゼジャム
　果実酒を作らず、直接ジャムにする場合は、実の重量の40～50%程度の白砂糖と一緒に、水を加えずに弱火でゆっくり煮ると、市販の輸入ブルーベリージャムとは一味違う、添加物なしの美味しい手製ブルーベリージャムとなる。

前の年に仕込んだナツハゼ酒をボヘミアングラスに注げば真紅のルビー

41　ツクバネ

ツクバネ
ビャクダン科ツクバネ属 *(Buckleya lanceolata)*
ツクバネの秋の実り（10月4日）。
雌雄異株であるので、雌株の木を
しっかりと覚えてくこと。

　低山地帯のスギ、ヒノキなどの針葉樹に半寄生する植物。樹木そのものはこれといった特徴がなく、花も小さく、見分けが大変難しい。しかし、秋の中ごろに、雌雄異株のうち雌株に実る、今では忘れられた正月遊びの羽根つきの羽根に似た実を見れば、その名づけに誰もが納得する。正月のお茶席に欠かせない茶花ではあるが、膨らんだ実の中には澱粉がつまり食べられる。

【料理法】ツクバネの実の炊き込みご飯

　羽根を取った実を（邪魔にならなければ採らなくてもよい）豆ご飯の要領でご飯に炊きこむとよい。

❶米カップ1を研ぎ、この実を20〜30粒を上からそっと入れて、塩一つまみを加えて、通常の水加減で炊く。
❷実は塩漬け保存、冷凍保存もできるので正月のご飯に炊きこめば風雅この上ない。羽根を取り除き、唐揚げして塩を振ればビールのつまみとなる。

42　ヤマノイモ（ムカゴ）・オニドコロ

ヤマノイモ
ヤマノイモ科ヤマノイモ属 *(Dioscorea japonica)*
ヤマノイモのムカゴ（10月6日）。

オニドコロ
ヤマノイモ科ヤマノイモ属 *(Dioscorea tokoro)*
オニドコロの実（8月22日）。葉が大きく広がるのが、ヤマノイモとの違い。

ヤマノイモ

　野生のヤマイモの中で通常食べられるのはヤマノイモ（自然薯）である。秋になるとあちらこちらの藪や山道で、ヤマノイモの無残な掘り跡が見つかる。山菜採りの中で最も始末に負えないマナーはヤマノイモ掘りといっても差支えない。細い自然薯を素人が掘ったところで、食べるところはごくわずかである。それよりも、この茎に出るムカゴを採取したほうがはるかに合理的で、山を荒す恐れもない。

　栄養芽であるムカゴ（茎が変化したもの）は、熟せば落ちやすく、全部を得ることはほとんど不可能。沢山採れた時は、ごみを落とす程度で洗わずにきっちりと包装して、冷蔵庫の野菜室で乾燥しないように保存する。

オニドコロ

　日本には、ヤマノイモ以外に、オニドコロ（トコロ）、タチドコロ、カエデドコロ、ウチワドコロ、キクバドコロ、ニガカシュウ（マルバドコロ）など、葉の形に因む名前がついたものが沢山自生する。食用となるのは、栽培種のナガイモ系統以外には、ヤマノイモだけで、ほかのイモはムカゴも含めてすべて苦くて食べられない。しかし、江戸時代の救荒書には、トコロ、ニガカシュウなども、イモを刻み水でさらして、蒸す、熱いわら灰の中に埋める、などなど、多大の手間をかけて非常食料とすることが記されている。飢饉の労苦がしのばれる[4]。

　ヤマノイモと同じ場所に時に大きなムカゴをつけたオニドコロが生える。葉のある時は、葉の形の違いからすぐに分かるが、ムカゴがあると葉もしおれ、ちょっと見には区別がつかず、オニドコロのムカゴをうっかり採ると大弱りである。芋も大変苦いが、ムカゴもまた大変苦い。

　イラスト右下に両方のムカゴの違いを示す。ヤマノイモのムカゴは形がいびつで一定しない。一方オニドコロのムカゴは大きく、アンパンを小さくしたような丸い形で、しばしばぐるりと一周する発芽点のマークがある。しっかりと区別して、オニドコロのムカゴを採らないこと。ヤマノイモと、オニドコロのムカゴの形の違いをしっかりと覚えておくこと。

野草のあれこれ

　ムカゴは江戸の昔から、農村では大切な秋の恵み。「そこらの草」を喜んだ一茶はまたムカゴ採りにも精を出したようだ。手がふれるとすぐに落ちるムカゴをうまく採るには？　　汁鍋にゆさぶり落とすぬか子哉　　　　一茶

【料理法】ムカゴご飯

[材料基準量]
天然ヤマノイモムカゴ…80g
塩…ひとつまみ
米…2カップ
（水はムカゴの量にはとらわれずに、2カップの目盛りで炊く）

[作り方]
❶米の分量に応じて適量のムカゴ（ムカゴの量にこだわらず）を入れて炊けばよい。
❷まぜご飯はむしろ固めに炊き上げたほうが美味しいので、水の量は普通のご飯炊きと同じでよい。
❸肝心なことは、野生の新鮮なヤマノイモのムカゴを使うこと。

43　サンカクヅル・エビヅル

サンカクヅル

　丘陵から低山地帯のハイキングの道にやや普通に生える。ブドウの葉が3〜5裂するのに、この葉はほぼ三角形でより小型である。つるを伸ばし、巻ひげを他の木々にからみつけて成長する。夏の終わりから秋にかけて、雌の株（雌雄異株）に小さな緑色の珠をつける。秋の終り頃この珠が黒くなるころ、美味しい山の実りに変身する。山歩きで見つけると本当に嬉しくなる。

サンカクヅル
ブドウ科ブドウ属 *(Vitis flexuosa)*

サンカクヅルの実り（10月31日）。葉の形がブドウに似ずに三角形。実は小さいが、甘みも酸味も十分の美味しい野生のブドウ。

野生のブドウを楽しむ

　カスピ海、カフカズ地方から世界に広がったブドウの栽培は、12世紀には日本にも到達し甲州ブドウの栽培が始まったという（週刊朝日百科：世界の植物37）。農業全書にもその栽培法、さらに中国から干しブドウが輸入されていたことなどが詳しく述べられている。野生のブドウは早い時期にこどものおやつの座に追われたと見える。ヤマブドウはワインの原料にもなる美味しいブドウであるが、標高500〜600ｍの奥山のもので、手に入れるのはむつかしい。ここでは、身近な里山に見つかる野生のブドウを楽しもう。

サンカクヅル・エビヅル

エビヅル：ブドウ科ブドウ属 (*Vitis thunbergii*)
エビヅルの実（11月27日）。もっとも人里に近く実る野生のブドウ。

エビヅル

　低山から野原の籔に生える野生ブドウである。ただ最近、野原や丘陵地帯がどんどん宅地開発され、エビヅルが消えてゆくのは残念である。枝に少し毛が多く、葉もやや大きい。果実はサンカクヅルより少し大きい。味はサンカクヅルにはやや譲るもののブドウであることに変わりはなく、秋の野の味覚のひとつである。野歩き、山歩きのおやつには十分である。

野生のブドウでジュース・果実酒を作ろう

【料理法】ブドウジュース

　野、里山で上の二つの野生のブドウを見つけたら、その場で食べるのが一番よいが、種が多く、ブドウの味を存分には楽しめない。もしたくさんの収穫があれば、持ち帰ってブドウジュースを作るとよい。

［作り方］
サンカクヅル、エビヅルの実250gに、水1ℓ程、白砂糖は実の重量と同量程を加えてよく煮詰める。
濃い紫色の美味しいブドウの味がするジュースになる。なにが入っているか分からないコーラに勝る秋の贈り物。

【料理法】果実酒

　野生のヤマブドウを使ったワインは、北海道の池田町の特産として知られているが、家庭でワインを作ることはできない。そこで、ほかの果実酒と同じ手法で、間接的にブドウの酒を造ってみよう。

［作り方］
サンカクヅルまたはエビヅルの実500g、ホワイトリカー1.8ℓ（アルコール40％のウォッカならばさらに美味しい）
これらの実は甘みがないので、氷砂糖か、グラニュー糖を、300〜400gを加えて漬けるとよい。3ヶ月で、格段にアルコール度数の高い「高級？」赤ワインとなる。

コーヒーブレイク

【料理法】紅玉リンゴのコンポート

　里山の恵みでもないリンゴの料理をなぜ紹介するのか、と問われるかもしれない。

　このレシピは、筆者が以前に思いつきで作ったコンポートを皆さんにさしあげたところ、大変好評で、毎年紅玉の季節になると筆者のリンゴコンポートを沢山の方が待っていただいているので、ここで公開することにした。作り方は、紅玉リンゴさえあればいたって簡単である。

[材料基準量]
紅玉リンゴ…1kg　(皮を剝いた状態で)
白砂糖…400g 程度
白ワイン…200mℓ

[作り方]

❶ 大きなリンゴであれば、4つ割にして皮を剝きさらに3つ程度にカットする。小さいものは8つにカットし、次々に塩水に放り込んでおく(塩の濃度は大きなボールに小さじ大盛り1)。

❷ ステンレスの鍋(できれば中が見えるガラスの蓋の鍋が望ましい)にリンゴを入れ、煮るリンゴの重量の40%の白砂糖※(リンゴ1kgであれば400g)をすぐ鍋に盛る。そこへ、白ワインを1カップ(200mℓ)入れる。水は一滴も加えない。蓋をして、最初はやや強めの中火でワインを沸騰させる。アルコールの蒸気の還元作用で、リンゴが赤く酸化しないコツはここにある。

❸ 全体に泡が上がってきたら、蓋をあけて少しずらし、隙間を空けて吹きこぼれないようにする。火を中火からやや弱火にする。

❹ ときどき蓋を空けてリンゴを見ると、リンゴの空気が抜け、中にシロップが浸みこんで、だんだんと透明になるのが分かる。まだ白い部分のリンゴがあれば、火の強いところに寄せしゃもじで軽くつぶして、空気を追い出すようにする。あまりつぶし過ぎるとジャムになってしまうのでほどほどに手加減する。

❺ 1kgのリンゴであれば、火をつけてから約20分でほぼ出来上がる。あまり煮過ぎてリンゴの色が飴色になるのを防ぐことと、吹きこぼれを防ぐ意味もあるので、火をつけたら決して現場を離れず、常にリンゴとにらめっこを続ける。最長で25分までに火を止めて、蓋をしたまま冷めるまで放置する。出来上がったリンゴコンポートは、色も白いままで(ワインによっては少し色がつくが)、香料なしなのでリンゴの香りそのままを存分に楽しめる。

❻ 多くの料理研究家は、リンゴにはシナモンをと教えるが、リンゴの色とさわやかな香りを壊すとんでもないレシピである。

　今述べたレシピにより誰でも、紅玉リンゴ、イタリア産、チリ産などの安い白ワイン(一本500円程度で十分)、白砂糖、準備の時間を入れて張り付く40分を用意できてれば、簡単に本当のリンゴの味と香りとをもったコンポートが出来上がる。

※加える砂糖を30%にしたところ、冷蔵庫に入れておいたコンポートにカビが生じた。
　砂糖はリンゴの重量の40%は必要である。

冬の野山

吉野葛　日本山海名産図会　巻之二　法橋関月書画、寛政十一 (1799) 年版より作図

　山深い吉野地方では、その昔これといった換金作物がなく、山に生える葛を真冬に苦労の末掘り出し、根に蓄えられたデンプンを寒中に絞り出す苦労の多い作業により名産の吉野葛を生み出していた。京菓子の水無月や涼しい葛きりを食べる時、それが真冬の吉野の人びとの苦労の産物であることを忘れてはならない。現代の都会の人間にはとてもそのような苦労はできそうにない。

　それでは、冬の野にはもう何もないのであろうか。以下に紹介するように、冬の野にも、実はまだ思いがけぬ実りがあるのを、多くの人が見逃している。野山の恵みどころではなく、雪に閉ざされる苦難の日本海側沿岸、東北、北海道の人びとには少し申し訳ないが、近畿地方の冬の森の恵みをありがたく頂くことにしよう。

図会には、「冬月根を掘って、石盤の上で打ち砕いて、汁を絞り、金属製の杵でさらに細かい粉として、水換えしながら数度さらした後、乾燥して盆の上で日に干して作る」との説明がある。澱粉の収量は最大でも、葛根の重量の15%程度である。ほとんど澱粉の塊のジャガイモに比ぶべくもなく、今では高級菓子の材料としてわずかに生産されるだけであるが、かつては重要な冬の野の恵みであった。

44 サネカヅラ（ビナンカヅラ）

サネカヅラ(ビナンカヅラ)
マツブサ科サネカヅラ属
(*Kadsura japonica*)
（12月4日）。モクレン科から変更。
お酒にするには、もっと赤黒く
熟してからの方がよい。

　里山から人家にごく近い藪のあちらこちらに、他の木の枝につるを絡ませて伸び、秋になるとルビー色の珠がふくらんだ花床をぐるりと取り囲む(図)。その昔、細い枝から浸み出る樹液を男の髪付けに使ったことからこの別名がつく。日本では紅い実は通常は食べない。薬草の解説書[11]、を読むと、中国では、このビナンカヅラを有名な同じ科（別属）の滋養強壮の効があるチョウセンゴミシと同様に用いるというので、ホワイトリカーに漬けて飲んだところ、独特の味と香りの美味しい果実酒となった。たくさん採取できたら、次のレシピを試されるとよい。

【料理法】**南五味子酒**（なんごみし）

[材料基準量]

完熟のビナンカヅラの実…500g

ホワイトリカー（35度）…1ℓ

氷砂糖…100g（または0でも、実そのものがほんのり甘いのでよい果実酒ができる）

[作り方]

3ヶ月以上おくこと。濃厚な味の赤紫色の酒となる。中国では北方に生えるチョウセンゴミシを使った薬用酒があるが、南方ではビナンカヅラを南五味子と呼んで、同じく薬用酒に用いる。用いる実は、なるべくよく実り、少し柔らかいぐらいのものがよい。

冬の野山

45　フユイチゴ・ミヤマフユイチゴ

ミヤマフユイチゴ
バラ科キイチゴ属 *(Rubus hakonensis)*

(1月5日)。神奈川、東海地方から九州までの低山地帯に生える。少しとげが多いが、実が大きく美味しい。

フユイチゴ
バラ科キイチゴ属 （Rubus buergeri）

フユイチゴの実り(1月1日)。6月ごろひっそりと小さな花を咲かせる。

　冬の雑木林の縁を彩るフユイチゴ。子供のおやつに困る冬場に実るイチゴを、オヤコウコウイチゴと呼んで珍重した。種も小さく、夏のキイチゴを超える美味しいイチゴ。ロシア民話の「森は生きている」は、真冬にイチゴ採りに行かされた娘を親切な魔女が助け、森に魔法をかけて、無事にイチゴを実らせる話。温帯モンスーン下の房総以西では、魔法をかける必要もなく、真冬の里山にイチゴが実る。

【料理法】フユイチゴのジャム・ジュース

　どちらも、冬の里山探訪でそのまま食べてもよいが、たくさん採れたらイチゴの実と同重量の白砂糖と、焦げないようにほんの少しの水を入れて、ゆっくりと煮る。
　料理法は、夏のキイチゴの調理を参照。フユイチゴの実りは、夏のキイチゴにくらべ収穫は格段に多い。ジャム、プリザーブにもっと利用したらよい。

46 シャシャンボ

シャシャンボ
ツツジ科スノキ属 *(Vaccinium bracteatum)*

シャシャンボの冬の実。よく似たヒサカキ、サカキとの区別は、黒いやや大粒の実のほかに、葉の裏の葉脈主脈を爪で掻くと、脈の上にかすかにある小さな突起にひっかかることである（2月7日）。

野草のあれこれ

● **不老長寿の烏飯**

　シャシャンボの名前は、小さな丸い実を小小坊：ササンボ、と呼んだことに由来する。この実を飯に炊き込んだ、烏飯が昔の中国にあり、「この烏飯を食すると、陽気を助け、顔色を好くし、筋骨を堅くし、…老いが到らぬといわれている。」と、牧野富太郎が紹介している[12]。

【料理法】シャシャンボのジャムを作ろう

　12月から2月初めにかけて、里近くの森、低山地帯、また社叢の森に生えるもうひとつの日本のブルーベリーは、常緑の葉の陰に真黒で甘い実を沢山つけるシャシャンボで、かつては子供たちのおやつであったという。実の皮が、ナツハゼに比べてやや固いが、口に含めば確かにブルーベリーの酸味と甘みとが広がる。沢山採れたらシャシャンボ酒やジャムにできる。レシピはナツハゼ酒（94ページ）と同じである。

冬の野山

付　録 ❶

有毒植物

付録❹に、身近に生える注意しなければならない有毒植物のいくつかを、江戸時代の救荒書とともに著された「有毒植物」書に紹介されたものを記す。ここでは、特に間違いやすい里山の有毒植物を図解しよう。

【有毒植物❶】ハシリドコロ　ナス科ハシリドコロ属 *(Scopolia japonica)*
(5月4日)

ハシリドコロはいかにも食べられそうな柔らかい、広い葉で、しばしば誤って食べてひどい目にあう有名な毒草である。トコロ（ヤマノイモ）のように太い根に猛毒がある。食べると、苦しんで走り回ることからこの名前がついた。根茎には少量であれば、優れた胃腸薬として有用なロートエキスが含まれ、重要な薬用植物である。日本特産であるが、現在では産出も少なくなり、韓国・中国から同属の植物を輸入して薬用としているという。ナスの花に似た濃い紫色の花の内側が綺麗な黄色であるので、花時には見分けは容易である。

【有毒植物❷】ミヤマキケマン　ケシ科ケマン属 *(Corydalis pallida var. tenuis)*
(3月31日)

野や道端に咲く有毒のムラサキケマンの仲間である。少し高い山に生えるなかなか美しい花。花が咲く前は、セリ科のシャクと間違えやすい。ハイキングで間違って採らないこと。シャクと違って、根元から細い花茎を多数出すこと、葉先があまりとがらず、苞や葉柄、茎に毛がないこと、セリの香りがしないこと、ムラサキケマンと同様に茎を折れば茶色の乳液が染み出ること、などから区別は容易である。

【有毒植物❸】 キツネノボタン (*ケキツネノボタン)

キンポウゲ科キンポウゲ属 *(Rananculus cantoniensis)*
(4月15日)

　どちらも春の田の畔、やや湿ったところに可愛い黄色の花を開く。図のケキツネノボタンは、葉の裏と茎に毛が生えるが、キツネノボタンには毛がない。まだ出たばかりの柔らかい若い芽は、ミツバに少しばかり似ているので思わず手が出て食べそうになるが、キンポウゲ（ウマノアシガタ）と同様に有毒である。園芸植物のラナンキュラスは同じ学名を持つが、この仲間は皆美しい花を咲かせる。田んぼに咲くキツネノボタンもキンポウゲも可愛い花を愛でるだけにしよう。

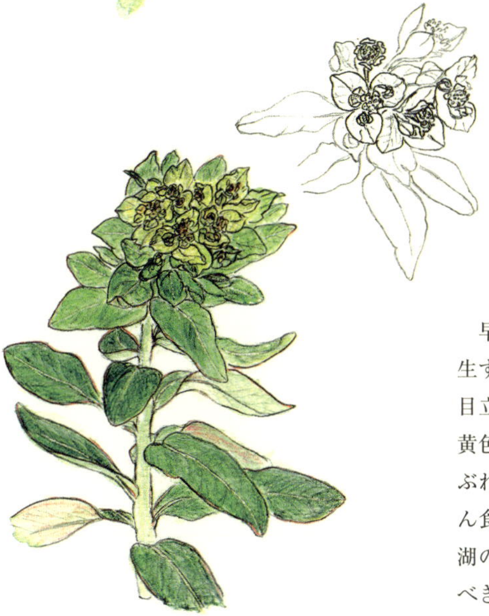

【有毒植物❹】 ノウルシ

トウダイグサ科トウダイグサ属
(Euphorbia adenochlora)
(4月2日)

　早春に、湿地に黄色い花を戴いた草が群生する。花かと思ったものは、実は小さな目立たぬ花を包む苞葉である。茎を折ると、黄色い乳液が浸みだして、皮膚につくとかぶれることからこの名前がついた。もちろん食べてはいけない。近畿地方では、琵琶湖の北部にまだたくさん見られるが保護すべき植物に数えられている。

付　録 ❷

【有毒植物❺】ドクゼリ　セリ科ドクゼリ属 *(Cicuta virosa)*

図は花芽が少し出始めた初夏の茎。葉は細長く鋸葉がはっきりとしている。全体に大きく、この時期になると50cmほどにもなる。また花穂は、茎の頭から図のように多数の花序を出して、それぞれがまた傘状の花を広げる「複散形花序」となるが、セリは、単一の「散形花序」である。花の時には容易に区別できる（5月28日）。

田のセリを安心して食べるためには、ドクゼリの特徴をはっきりと知らなければならない。猛毒のドクゼリは、決して野原には生えず、もっと水の豊富な水辺に生える。葉・茎を含めてすべてが大きく背丈が50cm〜1m近くになる大型の草で、現在その繁殖地が少なくなり減少が危惧されている。

筆者の住む琵琶湖近辺では、さすがにまだ沢山あり、ヨシ原から湖岸林に生える。ドクゼリとセリとを見分ける第一の違いは、セリには繁殖のためのランナー（匍匐枝）が根元に必ずある、セリの図（13ページ）参照。一方ドクゼリにはランナーがなく根元の茎が竹のように節があり太く、また葉も大きく長く、鋸葉（葉のふちにあるギザギザ）が大きく葉の先がとがる。

【有毒植物❻】レンゲツジ

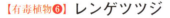

ツツジ科ツツジ属 *(Rhododendron japonicum)*
（5月20日）

海抜300〜500mの高原に咲くツツジを食べる人はいないが、子供の頃、里山に咲く他のツツジの甘い蜜をよく吸ったものである。レンゲツツジは蜜も有毒であるので注意しよう。

【有毒植物❼】ヒョウタンボク（キンギンボク）

スイカズラ科スイカズラ属 (*Lonicera marrowii*)
（4月21日、実は6月）

　ヒョウタンボクは、花の後すぐ6月には隣り合う花から出た合着した紅い実（紅いヒョウタン？）が実る。スイカズラの仲間で、美しい花を茶花にも使うが、6月に実る紅い実は、ドクブツ、ヨメゴロシの悪名がつく猛毒。同属の食べられるウグイスカグラと異なり、二つの紅い実が合着する同属の実は絶対に口にしてはいけない。別名キンギンンボクは、黄色を帯びた終わりかけの花と白い花とが共存するため。スイカズラの別名、キンギンカ（金銀花）と間違えてはいけない。

【有毒植物❽】ヤマアイ

トウダイグサ科ヤマアイ属 (*Mercurialis leiocarpa*)
（3月7日）。昔摺り染めに使った植物は、本当は猛毒。4月初めに、小さな花を開く。

　ヤマアイはインディゴが含まれていないにも関わらず、日本では昔から摺り染めに使われて、「アイ」の名がつく。日本の植物図鑑には有毒との記載がないが、トウダイグサ科のヤマアイ属の植物：*Mercurialis annua* が、イギリス[13]とロシア[14]の植物図鑑では、いずれも有毒とされている。イギリスではこれを食べて命を落とした記録があるという強い毒性をもつ植物として、食べてはいけないと注意されている[15]。

付　録 ❷

【有毒植物❾】 キタヤマブシ（トリカブト）

キンポウゲ科トリカブト属 *(Aconitum japonicum var. eizanense)*
（9月2日）

　あまりにも有名な毒草であるので、だれも食べることはない。しかし、春の芽吹き時の若芽は、同じキンポウゲ科で、北国では山菜としてよく食べるニリンソウによく似ているので未だに間違いが起こる。ニリンソウは葉も柔らかく、春に白い花を開く。葉が厚く秋に花をつけるトリカブトとの違いを覚えておけば間違うことはない。本種は、やや北に分布するオクトリカブトの一連の変種のひとつで、京都北山、比叡山、比良山に美しい花を開く。

【有毒植物❿】 ヒヨドリジョウ

ナス科ナス属 *(Solanum lyratum)*
（11月23日）

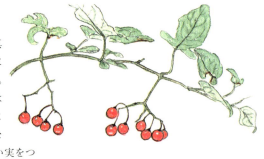

　秋深く、野原から丘陵にかけて真紅の実を数多く実らせる。紅い実にヒヨドリが群がることからの名づけ。鳥には嬉しい秋の恵みも、人間には毒をもたらす。小さな子供たちによくよく教えて、食べないようにしないといけない。同じナス科の、黒い実をつけるイヌホオズキ（実を5～10個つける）、アメリカイヌホオズキ（実の数は4～5個ほど）も有毒であるので要注意。

キノコの誘い

京都吉田山　マツタケ茶屋に遊ぶ図　都林泉名勝図会（寛政版後刷版より作図）

　松林が元気であった江戸時代18世紀、京都稲荷山から南禅寺にかけての東山周辺は、都から一番近いマツタケの名所であった。東山三十六峰の中でも、町の中に飛び出している、アカマツに覆われる吉田山は、旧暦9月になると、マツタケ茶屋が焼く葦の煙に誘われて、町衆が押しかけ、山道には紅塵が舞い松林から鹿の姿が消える、という大賑わいであった。今では想像もつかない里山の恵みに溢れていたもう一つの都の姿である。

　マツタケこそないが、幸いなことに、里山にはまだ私たちを魅了してやまないキノコの数々がたくさん待っている。

野生キノコの楽しみ

マツタケに代表される秋の味覚キノコは、今ではマツタケを除く多くの種類の栽培品が一年中出回り、野や山でキノコ狩りをする風習は全く廃れたといってよい。野生のキノコの中には、少しでも食べれば苦しんだ末に命を落とすといわれる、テングタケの仲間。今では違法ドラッグとの汚名を着せられ、所持しているだけで罪になるというとんだぬれ衣のワライタケの仲間が夏から秋にかけて畑や里山にあふれる。ほとんどの人は、キノコを見るだけで顔をしかめ、蹴飛ばして通り過ぎる。しかし、キノコが無類に好きなヨーロッパの人びとは、秋になると一斉に森へでかけキノコ狩りをする。今から30年前のモスクワ滞在中に、秋の土曜日、日曜日ともなると地下鉄の車内に、郊外の森の中から出てきたよれよれの服そのままに、得意そうにバケツ一杯の収穫を下げた沢山のキノコマニアによく出くわしたものである。

もちろん、キノコの中毒はフグの肝による中毒と同様、食べないということ以外に防ぎようがなく、知らないキノコを決して口にしてはいけない。キノコ狩りの教え：「まず毒キノコの特徴をしっかりと覚える」を学ぶことが大切である。

しかし、誰も知らない、実はおいしい大型のキノコの味を一度覚えると、秋の山野散策は春にも増して誘惑が一杯となる。

ここでは、里山から山道の散策で比較的容易に見つかる、筆者が食べて安全を確認した、安心して食べられ、思いがけない美味を提供するキノコとその料理の一部を紹介しよう。

野草のあれこれ

● キノコの味を引き出す基本調理法

おなじみのシイタケは、今でこそ生シイタケが普通に出回り、昔ながらの乾燥シイタケを戻して使うことはほとんどない。しかし生シイタケの味は、乾燥シイタケを戻したときの味には到底かなわない。キノコの味は、硬い細胞膜につつまれた肉質の中にしっかりと閉じ込められ、普通の加熱では、細胞膜が壊れることがなく、美味しい味が出てくることはない。シイタケの乾燥は、硬い細胞膜を、乾燥により壊して閉じ込められた味を取り出すための知恵である。

乾燥する代わりに、電子レンジであらかじめ加熱すると、細胞の内側で水分が水蒸気となり膨張して、さしもの硬い細胞も破壊され美味しい味が飛び出す。生シイタケも、アミガサタケ、またヒラタケなども、あらかじめ電子レンジで加熱すると、思いがけない美味しい味が味わえる。ぜひ試してほしい。

47　アミガサタケ

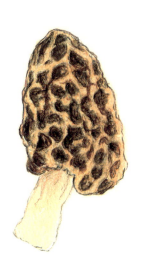

アミガサタケ
アミガサタケ科アミガサタケ属
(*Morchella esculenta*)
(4月8日)。

トガリアミガサタケ
アミガサタケ科アミガサタケ属
(*Morchella conica*)
(4月9日)。

※サクラの植栽の根元に発生。どちらも中は空洞。

　キノコは秋のものというのは、とんだ間違いである。春、サクラ、ウメ、またイチョウの木のあるところに出現するアミガサタケこそ、ヨーロッパのキノコ好きの人たちの中では、日本のマツタケにも匹敵する高級キノコとして珍重される逸品である。ブダペストの市場で購入した乾燥アミガサタケは、50gが3000円もした。

　春、バラ科の木の根元をよく探して、採れたてのアミガサタケの美味しさを味わってみてはいかがでしょうか？

キノコの誘い

アミガサタケの料理

　初めてこのキノコに出会った時は、生のキノコの中の空洞にひき肉を詰めてバター炒めを試みたが一向にキノコの味がしない。どうしてこんなキノコにヨーロッパの人は惹きつけられるのか不思議であった。ところがある時、キノコ料理の秘儀である電子レンジによる加熱を試みたところ、とんでもなく美味しい味が飛び出した。

　生のものはそのままでは有毒成分を含むので茹でて加熱することが必要である。さらにキノコの味を引き出す基本調理法である、電子レンジであらかじめ十分加熱することにより、その味が後まで口に残るほど美味しく変身する。

　いろいろな西洋料理に合う優れものである。ただし、いかにもキノコ臭い匂いは、和風料理には向かない。

【料理法】オイル・バター炒め

[材料基準量]
アミガサタケ（予備加熱処理をしておく）
オリーブオイルまたはバター
ベーコン2cmくらいに切る（キノコの1/3程度）

　電子レンジで予備加熱処理したアミガサタケを、たっぷりのオリーブオイル、またはバターで、ベーコンと一緒にバター炒めをすると、日本のキノコにはない、深い味にびっくりする。

　アミガサタケの中には、やや硬い種類もあるが、このようなキノコは、さらにシチュウに仕立てて、じっくりと煮込むとよい。

【料理法】オイル漬け

　幸運にも、アミガサタケが沢山採れたら、オイル漬けをして保存をしたらよい。

　レシピは、後掲のハツタケ、シモコシ、ヒラタケのオリーブオイル漬けと同じであるが、左のように、電子レンジで予備加熱をすること。

　これに適量の塩、引き割り黒コショウを振ってよく混ぜて置く。

　オリーブオイルかグレープシードオイルにベイリーブス数枚を入れて加熱して、そこへキノコを入れてよく炒める。

　玉ねぎと一緒に炒めると味が複雑となる。ガラス瓶に入れて、上からオイルをいっぱいに足して保存する。

　1週間ほどすると、オイルの作用も伴って、美味しいアミガサタケ（モレル）オイル漬けが出来上がる。

48　ヤナギマツタケ

ヤナギマツタケ
オキナタケ科フミヅキタケ属（*Agrocybe cylindracea*）
（6月25日）

　梅雨の頃から秋にかけての長い間、ヤナギ類、プラタナス、カエデ類の木などのうろに時には大きな株を作って発生する大変美味なキノコ。マツタケとはいうものの全く違う形状で、松林ではなく生きた木材のうろ、分厚い樹皮の割れ目などに生える。これも栽培が可能となったようであるが、発生後あまり時を経ないで真っ黒な胞子がたくさん生じるので、商品化が難しいのであろうか。一般の店頭には出ていない※。

　まだ若いキノコは、傘の裏に柔らかい膜がかかり胞子も出ていない。この時期のキノコは独特のキノコ臭と上品な味で、これに魅せられる人は多い。このキノコは毎年同じ木に発生するので、マニアの間では取り合いである。

　若いキノコは、キノコご飯がもっとも美味しい。レシピは他のキノコご飯と同じであるが、柔らかいキノコであるのでやや水を控えめに炊いた方がよい。

　胞子が出て黒くなったものは、水でよく胞子を洗い流し、味噌汁、野菜の炊き合わせにすれば香りと味に満足する。

　図のものは、樹齢200年というアカメヤナギの根元のうろに生えた大株。少しばかり開きすぎであるが、裏の薄い膜が垂れ、少し残ってもいるので、十分美味しく食べられる。さらに開いて黒い胞子が飛び出す頃は味が落ちる。木材腐朽菌の中では、腐朽の力が極めて弱く、10数年にわたって毎年同じ木に生えるので自分の木を見つけて楽しんでほしい。

ヤナギマツタケの料理

　第一にキノコご飯を薦める。ご飯のレシピは以下のキノコ料理のレシピを参照のこと。単純にお吸い物でも大変よい味が出て、キノコの香りが一杯のお吸い物となる。

【料理法】キノコご飯の炊き方（共通）

[材料基準量]
キノコ…200g
お米…2カップ

[作り方]
❶ キノコから水が出るので、水は余分に入れずに、電気釜の目盛り2カップ分でよい。
❷ キノコご飯をおいしく食べるには、日本酒と昆布を加えるのがこつである。2カップ分の水から、おたまで1杯すくい取っておく。そこへ、おたまに日本酒8.5分目、淡口醤油1.5分目を入れて戻す。昆布3cm角程度1枚を入れて、キノコを上にそっと入れて、普通のご飯を炊く要領で炊く。
❸ 炊きあがってからキノコを混ぜる。炊きあがればキノコのもろさが消え、混ぜても砕けることはない。もろいキノコでも、炊き上がればあまりくずれることがない。美味しい秋の里山の贈り物を、まずはキノコご飯で味わおう。

　キノコにより、炊き込むときの水加減・味付け加減はいくらか異なるので、各人経験と工夫とにより、美味しいキノコご飯を楽しんでほしい。

野草のあれこれ

＊菌床栽培のヤナギマツタケ

　2015年3月鳥取県にある「日本きのこセンター菌蕈（きんじ）研究所」、および、「鳥取大学農学部附属菌類きのこ遺伝資源研究センター」を訪れた帰り、鳥取県の道の駅で、上の研究所が開発した「ヤナギマツタケ」菌床栽培の商品を見つけることができた。菌床栽培のエノキダケと同じような、「もやし」状態であったのが少し残念であったが、そのため黒い胞子もない、綺麗なキノコであった。本当の野生の味を楽しめるような商品には、今一歩であったが、いずれは大ぶりの美味しい「栽培ヤナギマツタケ」が作られることを期待したい。

㊾ アミタケ

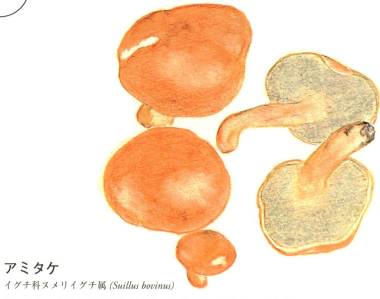

▎アミタケ
イグチ科ヌメリイグチ属 *(Suillus bovinus)*

松林から雑木林まで広く分布する。小型〜中型のキノコであるが、沢山出るので収穫は多い。柔らかく、少し粘り気もある。ナメクジがよくキノコをかじり、食痕が残る（10月9日）。

【料理法】アミタケの醤油炊き

[材料基準量]
アミタケ…1kg（水気を切ったもの）
日本酒…120㎖
ミリン…80㎖
市販の細切り塩昆布50g程度（これを使う時は醤油は不要）
※普通の昆布を使う場合は、2cm角を20枚ほどと、濃口醤油100〜120㎖、粉末かつおだし1/2〜1袋（2〜4g）

[作り方]
❶表面に粘りがあるので、ごみがなかなか落ちない嫌いがあるのでよく洗って水を切ったものを使う。もろくないのでよく絞ってもよい。
❷キノコをだし汁に入れて汁気がなくなるまで弱火でじっくりと煮込む。

　管孔にカツオだし、昆布だしをたっぷりとしみこませるように煮込むと、キノコの粘り気が生き、またキノコから味が出て美味しい煮ものとなる。あまり美味しくないとの評価は、料理法が間違っていたためである。味がないとされているキノコも、じっくりと長時間煮込んで、味を取り込んでいる細胞壁を壊せば、とても美味しいキノコに変身する。なお、加熱すると紫色に変色するが、有毒ではないので、安心して食べよう。

50 ヌメリイグチ・チチアワタケ

ヌメリイグチ
イグチ科ヌメリイグチ属 *(Suillus luteus)*

若い時は傘の裏に薄い膜が張り、軸にも痕跡が残る。大きくなると管孔が大きく膨らみ黄色い胞子が一杯詰まる。傘の表面はよくぬめる。8月終わりから、12月まで長期間にわたって、松林に次々と発生する（11月17日）。

チチアワタケ
イグチ科ヌメリイグチ属 *(Suillus granulatus)*

薄い膜はなく、管孔を傷つけると、乳液が染み出る。傘の表面のぬめりは少ない。味はヌメリイグチにやや劣るが、ピクルスにすれば、まったく一緒である（10月5日）。

　イグチの仲間は傘の裏のヒダがなくスポンジ状の小さな管孔で出来ているので、他のキノコとの区別は容易である。30年ほど前までは、イグチの仲間には有毒のキノコはないと信じられていたが、最近では猛毒菌も続々発見されているので注意を怠ってはいけない。じつは本種2種は、キノコアレルギーの人には下痢をおこす恐れがある。筆者もそのひとりであるが、このレシピの通りの前処理をすればまったく安全である。

　多くのキノコ解説書に、両種とも、ぬめりのある傘の表皮、裏の管孔を取り除いて中の白い麩のようなものを食べるとある。ぬめりのある皮に特にアレルギー物質があるとさえ書いてある本がある[16]。これは筆者の経験からすれば間違いである。アレルギーのもとは、大量に作られる黄色い胞子にある。そこで、キノコを繰り返し2度〜3度十分に茹でて煮こぼして胞子を洗い流す。管孔に水がたっぷり含まれてしまうので、金網のざるに取り上げて十分水を切っておく。できれば、1日は風に当てるか、日に当てて水分をできるだけ飛ばしておくとよい。

　二つとも煮こぼすことによりまったく安全なキノコとなる。キノコの持つ味がやや薄れてしまうが、独特のぬめりが増し食感がかえってよくなり、ピクルスにはむしろこの方がよい。

【料理法】ロシア風ピクルス

[材料基準量]
前処理の済んだヌメリイグチ・チチアワタケ…1.5kg（十分水を切ったもの）
穀物酢…600mℓ
塩…大さじ1.5
ディルシード…小さじ山盛り1
ベイリーブス…大6〜8枚
タカノツメ…小3
（適当な大きさにカットしておく）
黒胡椒…20粒ほど（調理直前に挽いておく）
昆布…5×5cmを5〜6枚
タマネギ…大1個
白ワイン…200mℓ

[作り方]
❶ 酢の中に調味料、香味料、昆布、ワインを入れてよく煮立てる。そこへ前処理の済んだヌメリイグチ・チチアワタケと1/8程度に切ったタマネギを入れて、味がしみこむまでよく煮る。貯蔵ビンに入れて保存。1ヶ月ほどすれば、味がしみこんで美味しくなる。賞味期限は低温に保存すれば2年は大丈夫である。ピクルスはこのままでも十分美味しい。
❷ もっと美味しい食べ方は、このピクルスを細かくみじん切りにして、マヨネーズ（市販品で十分）によく混ぜてタルタルソース※を作り、次に示すような料理に使うと、その美味しさにびっくりする。

【料理法】ヌメリイグチのピクルスを使ったタルタルソース

[材料基準量]
保存しておいたヌメリイグチのピクルス…200g（細かく刻む）
カッテージチーズ（裏ごしタイプ）…50g
粒マスタード…大さじ山盛り1
生玉ねぎ…1/8（細かく刻んだもの）
市販のマヨネーズ…250g

[作り方]
これらを混ぜるのであるが、まずマヨネーズとカッテージチーズ、粒マスタードとをよく混ぜておく。そこに、刻んだキノコピクルスと刻み玉ねぎを入れてよく混ぜる。こうして利用価値の高いタルタルソースが出来上がる。ガラス瓶に入れてきっちりと蓋をしておけば、冷蔵庫で1ヶ月は保存可能で、美味しく食べられる。

ヌメリイグチタルタルソースの一番美味しい食べ方

【特別料理】フランスパンのキノコピクルスタルタルソース添え

　タルタルソースの定石通り、フライのソースにしても十分美味しいが、バゲット、パリジャンなどのフランスパンを厚めに切ったものに、タルタルソースをたっぷり載せて食べる。香ばしい小麦の香りと、酸味とほのかなキノコの香りと粘りたっぷりのタルタルソースとの組み合わせは、誰もがびっくりの美味しいご馳走。そのままで、その日の夕食の主役になるほど美味しい。手近に食パンしかないときには、カットした食パンの上にタルタルソースを載せて、マヨネーズにほんのり焦げ目がつく程度まで、オーブントースターで焼くと、キノコの香りが立ち上がり、大量生産品の食パンが思わぬご馳走となる。

【特別料理】あつあつポテトのキノコピクルスタルタルソース添え

　キタアカリのようなほくほくとしたジャガイモを、皮つき（もちろん有毒の芽は取ること）のまま電子レンジで蒸し、熱いままのものにこのタルタルソースを添えて出せば、美味しさにびっくりの素晴らしい一皿となる。ピクルスとマヨネーズとを常備しておけば、不意のお客様にも困らない。

51　ヌメリコウジタケ

ヌメリコウジタケ
イグチ科ヌメリコウジタケ属 *(Aureoboletus thibetanus)*

若いキノコは傘も赤く、裏の管孔が鮮やかな黄色である。このようなキノコが美味しい。根元の白い菌糸も特徴である（11月28日）。図は珍しく11月に採取したもの。9月初めに発生が多い。秋の初め、9月初旬からアカマツの混じる雑木林にたくさん発生する。

　このキノコは、そのまま煮たり、汁に入れて食べると、酸味がありまるで美味しくはない。しかしよく茹でこぼすと酸味が湯に溶け出し、ぬめりが残り美味しいキノコに大変身する。これを使った炊き合わせのレシピが次の料理。

ヌメリコウジタケのうま煮

[材料基準量]

よく茹でて酸味を除いたヌメリコウジタケ…400g（よく水を切った状態で）
サトイモ…400g（あらかじめ下茹でをしておくとよい）
厚揚げ（油抜きをすること）…300g
日本酒…0.8カップ
ミリン…0.2カップ
水…0.5カップ
昆布…2cm角 10～15枚程度
粉末カツオだし…2g
薄口醤油…100～120mℓ程度

キノコとをサトイモの双方のヌメリが合わさって美味しいうま煮が出来上がる。

[作り方]

❶だし汁に昆布を入れて煮立たせる。

❷そこへ、厚揚げ、サトイモ、キノコを入れ、厚揚げに味がしみこんで汁が鍋の底にわずかに残る程度まで煮たら出来上がり。キノコの味と粘りと、サトイモの粘りとが美味しいハーモニーを奏でる。

❸なお、茹でて酸味を除いたキノコは冷凍保存が出来るので、沢山採れたら保存して使ってもよい。賞味期限は3ヶ月程度。

　なお、加熱処理した後の「ぬめり」は、上のヌメリイグチ、チチアワタケに負けない風味があるので、一緒に前述のピクルスに混ぜると美味しいイグチミックスピクルスとなる。

52　コガネヤマドリ

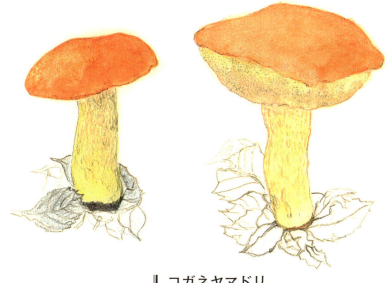

コガネヤマドリ
イグチ科イグチ（ヤマドリタケ）属 *(Boletus auripes)*
日本では食菌とされていないが実は美味しいキノコ。
左の図程度の若いキノコが食べごろ（8月8日）。

　夏の終わりから秋の初めに、雑木林に顔を出す、中型から大型のイグチの仲間である。日本のキノコ図鑑では食べられるとは記載されていないが、韓国のキノコ図鑑では食べられると記載されている。試しに食べてみたら、これがとても美味しいキノコであった。

【料理法】クリームシチュウ・バター炒め
　クリームシチュウ、バター炒めなど、西洋風料理にとてもよく合う。若いうちは傘の裏は黄白色で、管孔が見えないくらいにびっしりと詰まっている。このような若いキノコが食べごろである。大きくなって管孔がふくれると食味が悪くなるが、ベーコンとの炒め物にはまずまずである。

53　アカヤマドリ

アカヤマドリ
イグチ科ヤマイグチ属 *(Leccinum extremiorientale)*
あっと驚く大型のキノコ。まだ管孔がしっかりと詰まった若いキノコがよい（9月21日）。

　夏の終りから9月初め、落葉樹の森に最初に出現する。時に傘の直径が20cmになる超大型の本種は、その味を一度覚えたら誰もがとりこになる。このキノコも幼菌がもっともよい。老菌になると管孔が膨らみ、たくさんの虫が入り食べるのははばかられる。

【料理法】アカヤマドリのシチュウなどあれこれ
　こってりとした味はクリームシチュウにぴったり。傘の裏がヒダにならず、沢山の穴（管孔）に特徴がある。クリームシチュウの色がまるでカレーシチュウのような色の、カレー味のない不思議なシチュウになる。
　なお味噌味の豚汁に入れても、豚の油と相性が良く大変美味しい。これも珍しい黄色い豚汁となる。
　肉厚で水分が多いので、スライスした後少し乾かしてから、ベーコンと一緒に炒めても、また玉ねぎ、キャベツと一緒にバター炒めをしても美味しい。

54 ホオベニシロアシイグチ

ホオベニシロアシイグチ
イグチ科ニガイグチ属 *(Tylopilus valens)*

(10月12日)。傘の径が 15 〜 20cmにもなる大型のイグチで、傘の色は灰色。太い茎は白く、表面にやや粗い凹凸があるのが特徴。中実の太い軸の根元を切ると、ほのかに頬紅色の部分がありこの名がつく。

【料理法】ホオベニシロアシイグチの刺身

　そのまま料理すると酸味があり決して美味しくはないが、まだ若いもの（傘の径がせいぜい 10cmまで）を厚めに切ってよく茹でこぼして、酸味をよく取り除き、一晩冷蔵庫で水を切ったあと、わさび醤油で食べると、まるでアワビのような食感にびっくりする。後掲のキクラゲの刺身と並ぶキノコの刺身の二大横綱である。筆者はひそかにモリノアワビタケと呼んで、毎年発生を楽しみに待っている。

　茹でこぼしたものは、かすかにぬめりも残り、サトイモ・厚揚げ・その他の野菜との炊き合わせも美味しい。各自レシピを工夫していただきたい。

55　キクバナイグチ

キクバナイグチ
オニイグチ科キクバナイグチ属
(Boletellus emodensis)
まだ裏に膜が張った若いキノコ。膜をとれば、ぎっしりと詰まった黄色い管孔がある。このような若いキノコがお薦めである（9月13日）。

　8月末から9月中ごろまでスギ、ヒノキの植林地から、雑木林の立木の根元、あるいはその付近の地面からも生える変わったキノコである。傘の表面は少しざらつき、紅色を呈するが、薄い褐色のものもある。若い菌の傘の裏は薄い膜がかかり、幼菌の管孔は鮮やかな黄色である。傷がつくとそこが青い色となり、洗い汁がまるで青いインクのようになる。そのままでは味もなく、どう見ても食欲を誘わないため、誰ひとり振り返ることがない。しかし、膜が張って管孔がびっしりと詰まった幼菌を、キノコ料理のお決まりの奥の手の電子レンジ予備加熱を施すと、びっくりするほどおいしくなる。かき貝、鶏肉、豚の薄切り肉などと一緒にシチュウに仕立てると大変よく合う。

56 ハタケシメジ

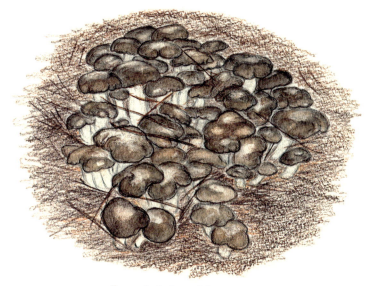

ハタケシメジ キシメジ科シメジ属 (Lyophyllum decastes)
松林に発生した大株の幼菌（10月22日）。

　京都御苑のキノコ観察会の皆さんが毎年楽しみにしているという美味しいキノコ。栽培品のブナシメジと違ってこっくりとしたキノコの味は、本物のシメジと甲乙つけがたい。京都のマニアたちが、とうとうこのキノコの栽培化を企画し、今では栽培品名も京都御所に因んでミヤコシメジ、あるいは産地から、タンバシメジとしても売られている。ブナシメジよりはましな味がするが、天然ものに比ぶべくもない。ぜひ天然ものを探しあてて食べることをお薦めである。

【料理法】**天然物はキノコご飯が美味しい**

　シモコシご飯などと同じレシピである。その他、茶碗蒸しの具、マツタケの代わりに土瓶蒸しにしても大変美味なキノコである、所によっては、道ばたに生えるのでミチシメジと呼んでいるくらいに、当たり前の場所に生える。秋の山歩き、里山散策の楽しみの一つである。キノコご飯のレシピは共通レシピ（116ページ）を参照のこと。

　たくさん採れたときや、すこし老菌で脆くなったものは、アミタケの醤油炊きレシピと同じ要領で炊けば、保存も効き長く楽しめる。

57　カワムラフウセンタケ（フウセンタケ）

カワムラフウセンタケ
フウセンタケ科フウセンタケ属
(Cortinarius purpurascens)
コナラ林に生えた若い菌（10月12日）。
少し大きくなると、傘が開きもろくなる。

独特の風味

　フウセンの名前は根元が丸く膨らみいかにもフウセンを思わせるからである。この仲間のキノコは他のすべてのキノコにはない独特の味をもち、一度この味に出会うと毎年秋が待ち遠しい。コナラの生える雑木林にしばしば沢山発生する。根元の膨らみと、茎から傘の裏のヒダの裏が紫色を呈することで他のフウセンタケの仲間と区別できる。傘は古くなるにつれて褐色となる。フウセンタケ科の中には、オオワライタケのような毒のあるキノコも多く、根元が膨らんでいるからといって間違って食べてはいけない。上の特徴をしっかりと見極める必要がある。

【料理法】野菜炊き合わせ・バター炒め

　傘の表面は粘りがあり、雑木林の落ち葉の中ではたくさんのごみをつける。もろいキノコなので丁寧にはがす。水で洗った場合は、ざるに入れて水を十分に切ってから調理すること。
　和風では、野菜との炊き合わせ、味噌汁の実に合うが、よく水を切ったものは、バターあるいはオリーブオイル炒めで食べることをお勧めする。いためる前に適当に塩と黒コショウ粉を振っておくこと。

58 アカモミタケ

アカモミタケ
ベニタケ科チチタケ属
(*Lactarius laeticolorus*)
（10月22日）

　モミの木の根元から少し離れた場所、地下にあるモミの根と共生する菌糸から出る。ロシアのキノコマニアには大人気の優れた食菌であるが、日本では、赤いキノコは毒であるという俗説があるため、誰も採らない。傘の部分が柔らかくもろいので、採取には注意をする。茎に指で押した跡のような模様が入るので、ほかのベニタケの仲間との区別は容易である。大変良いだしが出るので、キノコご飯にはうってつけである。

　和風料理だけではなく、キノコシチュー、ソテー、またパスタ料理など西洋料理にもとてもよく合う。

【料理法】アカモミタケご飯

[材料基準量]
アカモミタケ…200g
お米…2カップ

[作り方]
このキノコはやや脆いので、キノコを上にそっと入れて炊く。炊きあがってからキノコを混ぜる。炊きあがればキノコのもろさが消え、混ぜても砕けることはない。加熱すればシモコシよりもキノコの腰が強く、炊き上がってもあまりくずれることがない。美味しい秋のモミ林の贈り物。

【料理法】炒め物

キノコの香りと味を生かした、炒め物。ベーコンと一緒に塩と引き割黒コショウとで炒める。タマネギ、ピーマン、薄切りしたセロリなどを混ぜれば、それぞれの味と香りとが美味しいハーモニーを奏でる。

59　ハツタケ

ハツタケ
ベニタケ科チチタケ属 *(Lactarius hatsudake)*
傷がつくと赤い汁が染み出て、空気に触れるとすぐに緑青色に変わり、たいていの人は気味悪がって採らない。もろいので、丁寧に紙の袋にいれて持ち帰ること（10月11日）。

　マツ林に発生する江戸時代から親しまれた優れた食菌である。農民詩人小林一茶の俳句に「初茸を握りつぶして笑う子よ」というユーモアに溢れた佳句がある。ハツタケはもろいキノコで、少し力を加えるともろもろと崩れてしまう。折角の収穫を幼子が手で握りつぶして残念、といった光景が目に浮かぶ。しかし、マツタケ信仰に毒される関西地方では、空気に触れてすぐに緑青色に変じる乳液を気味悪がって誰も食べない。東北地方ではまだ虫の入らぬ若い菌は、マツタケに次ぐ高い値段で朝市のキノコ売り場に並ぶ。

【料理法】ハツタケご飯

　シモコシご飯、アカモミタケご飯と並ぶ美味しいキノコご飯。レシピは116ページにあげた基準のキノコご飯レシピに準じるが、大きいキノコなので、大きいものは半分～1/3程度にカットしておく。また3カップ以上の多めのご飯を作った方が、美味しいだしがよく廻り出来上がりが美味しい。キノコ自体から大変美味しいだしが出るので、とくに醤油、昆布などを入れずに塩だけでも十分美味しい。

【料理法】ハツタケオリーブオイル漬け

[材料基準量]
ハツタケ…500g
黒胡椒粒…10粒程度
（挽き割りして細かくしておく）
塩…小さじ1
ベイリーブス…10枚
グレープシードオイル…200mℓ
オリーブオイル…50mℓ

[作り方]
❶アカマツ林は下生えがすっきりしているので、普通はキノコはあまり汚れていないが、採取には十分気をつけて、ごみと泥をその場で払っておく。

❷オイル漬けの準備に際しては、キノコをなるべく水で洗わずに、ティッシュペーパーで汚れと土を拭き取り、石つきは包丁で丁寧に取る。採取の具合でキノコが汚れていたら、丁寧に洗って金網のざるに入れてよく水を切り、ほどほどに乾燥させること。

❸適当な大きさにカットして、黒コショウ粒挽き割り、塩をあらかじめ振っておく。フライパンにグレープシードオイルと、香付けのために少量のオリーブオイルを混ぜたオイルでよく炒める。

❹料理の基本は後述のヒラタケ、シモコシのオイル漬けと同じで、少しキノコに焦げ目がつく程度までよく炒めて、粗熱を取ってからビンにいれて貯蔵する。びんの口までオイルが上がるようにオイルを足す。キノコがオイルの上に顔をだすと、そこにかびが生えることがあるので、必ず冷蔵庫に保存する。

　シモコシ、ヒラタケの2種類のキノコオイル漬けと少し異なり、キノコ自体がもろくほそぼそしているので食感はやや劣る。そのまま食べるというよりも、細かく刻んでパスタにトッピングするのがベストであるというのが、シモコシの項で紹介するイタリア人学者の助言であった。率直で適切な助言は、さすがに舌の肥えた食いしん坊のイタリア人と感謝をしたい。

60　ベニウスタケ

ベニウスタケ
アンズタケ科アンズタケ属 *(Cantharellus cinnabarinus)*
雑木林の小型のキノコ。たくさん発生するのでいっぱい収穫できる。この程度までの若い菌に限る（10月5日）。

オムレツによく合うクリームのような香り

雑木林に7月終わりごろから10月まで発生する、せいぜい3cmの小型の美しいキノコ。たくさん生えるので、面倒がらずに集めると結構な量になる。新鮮なものはかすかにクリーム様の香がするが、これがオムレツにとてもよく合う。このキノコだけを包んだオムレツは色も美しく美味しい。パエリヤ、スパゲッティーに入れても色が映え、美味しい。そのまま塩、コショウを振って、バターで炒めても美味しい。

ベニウスタケの料理

　立秋の風が吹き始めるころ、真っ先に雑木林に顔を出す小さな可愛いキノコ。森のあちらこちらにたくさん発生するので、集めればその日の夕食に彩を添える。

【料理法】キノコご飯

　キノコを洗ったあとよく水を絞って、キノコご飯にすると彩りの綺麗な美味しいキノコご飯となる。キノコご飯のレシピは基準レシピとほぼ同じであるが、彩りを考えて淡口醤油ではなく塩で味付けする。和洋折衷のバターライスも美味しい。

　ただし、古いもの（やや大きくなりほろほろとなるので分かる）は苦く、まずいので食べないこと。冷凍保存したものも、苦くなり食べられなくなったのは筆者の「苦い」経験である。

【料理法】オムレツ

　洗って水を切ったものに塩とコショウとをさっと振っておく。あらかじめ、サラダオイルで軽く炒めておく。フライパンで溶き卵を炒めて、まだ卵が固まらないうちに、キノコを加えて、卵で包み込み、オムレツにする。卵の蓋を開ければ、薄紅〜橙色の綺麗なオムレツが誕生する。

61 シモコシ

シモコシ
キシメジ科キシメジ属 *(Tricholoma auratum)*

ヒダが綺麗な黄色が特徴。シモコシの名は、元気の良い比較的若い松林に、晩秋の霜が降りる頃に発生することからついた(11月17日)。

　比較的若い松林に生える。料理法によってはおそらく一番味の良いキノコとさえいえる、最上級のキノコである。専門家でも間違うよく似たキシメジとの区別がつかないが、シモコシのほうが傘の裏のヒダの黄色がより鮮やかなようだ。

　味はキシメジがやや苦みがあるというのだが、これまで筆者の出会ったものは、すべて苦みが全くないシモコシばかりという幸運に恵まれ、まだキシメジに出くわしていない。傘の色はオリーブ色がかった茶色といった色である。中型のキノコで、一本でも、数本固まっても生える。ヨーロッパのキノコの本には、このキノコと同属のキノコ *(Tricholoma equestre)* を続けてたくさん食べて中毒した例が紹介されて、「日本の毒キノコ」[16]でも注意が記されているが、日本での中毒例は報告されていない。実は、日本では、ほとんど同じ場所に、強毒のカキシメジ（マツシメジともいう）がしばしば発生する。裏を見ないと大きさと形とがきわめて良く似ているので、間違って混ぜて採取するとカキシメジ中毒を起こすのかもしれない。カキシメジは傘の裏のヒダが真っ白で、少し古くなると茶色のシミがヒダ、軸に現れるので区別は容易であるが、同じ場所に出れば一緒に採っても不思議はない。

【料理法】シモコシご飯

[材料基準量]
シモコシ…200g
お米…2カップ

[作り方]
アカモミタケご飯と同じ要領で、キノコをそっと入れて炊く。炊きあがってからキノコを混ぜる。炊きあがればキノコのもろさが消え、混ぜても砕けることはない。美味しい秋一番の味。

【料理法】シモコシのオリーブオイル漬け

大津市瀬田、松林が残る龍谷大学の里山に来訪した、京都大学に滞在中のイタリアの女性植物学者に、松林で採れた手製のシモコシのオイル漬け料理を披露したところ、イタリア料理レストランの一皿に加えたいと賞賛をあびた美味しいキノコオイル漬け。

シモコシは採取の折にどうしても泥やこけの破片がつくので、注意して洗う。水気をよく取るためにざるにひろげて一晩ほど乾かす。

[材料基準量]
シモコシ…500g
黒胡椒粒…10粒程度（挽き割りしておく）
塩…小さじ1
ベイリーブス…10枚
オリーブオイル…250g

[作り方]
❶キノコにはあらかじめ胡椒と塩を均等に振っておく。
❷フライパンにオリーブオイルを100gほど入れて、ベイリーブスを5枚ほど入れて加熱しておく。シモコシを入れて十分炒める。いくらか焦げ目がついたところで火を止めて、粗熱を冷ました後保存ビンに入れる。
❸残りのオイル、ベイリーブスをフライパンに入れて少し加熱する。これをガラスビンに、たっぷりのオイルとともに保存する。オリーブオイルにベイリーブスの香りが移るには、3ヶ月程度の保存が望ましい。
❹なおバージンオリーブオイルは冷蔵庫に入れて保存すると固まるので、ピュアオリーブオイルの方がよい。

62　ヒラタケ（カンタケ）

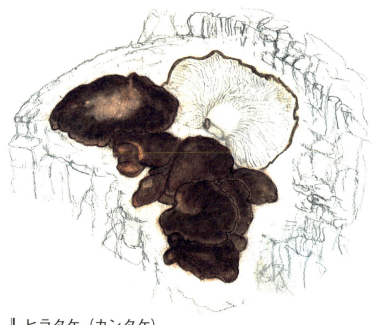

ヒラタケ（カンタケ）
ヒラタケ科ヒラタケ属 *(Pleurotus ostreatus)*
エノキの古い切株に真冬の12月に発生した。これでもまだ小型の株（12月18日）。この後同じ切株に、4年間続けて大株が発生し続けた。その後切株は崩壊。

　すでにおがくず栽培が定着し家庭の食卓の定番であるが、大株の野生のヒラタケは真冬に出るのでまたの名をカンタケといい、ヤナギの木にしばしば大きな株をつける。大きな株に行き当たれば、3kgにもなり歓声を挙げる。

　ヒラタケはどんな料理にも合うが、大株を見つけたらいろいろな料理に挑戦してほしい。

ヒラタケ（カンタケ）

【料理法】ヒラタケのグレープシードオイル漬け

　ヨーロッパでもヒラタケは人工栽培が進み、パリのスーパーマーケットでも日本より少し大きなサイズのものがオイスターマッシュルームの名前で山積みで売られている。ヨーロッパ風の美味しいオイル漬けを紹介しよう。

[材料基準量]
ヒラタケ…500g
粒黒こしょう…10粒程度（挽き割りしておく）
塩…小さじ2杯弱（前もって振りかけてなじませておく）
ベイリーブス…4～6枚
タカノツメ…小1本（5つ程度に刻んでおく）
[作り方]

❶ 栽培ものならば、購入して袋を開けたら洗わずにティッシュペーパーなどで丁寧に拭き取る。天然ものでも、採取の折になるべく土、木くずを一緒に取り込まないように綺麗に採り、調理にあたっても水で洗わないほうがよい。汚れがあり仕方なく洗った場合には、よく水を切って、ざるにあげて出来れば半日から一日ほど干しておくとよい。オイルで炒めると縮むので、なるべく大きめに切り分ける（5～10cm）。

❷ フライパンにグレープシードオイルをたっぷり（きのこ500gに対し、オイル100～130g）入れて、ベイリーブスを2枚入れて香りをオイルに移す。そこに下ごしらえしたキノコを入れてこげめがつくまでよく炒める。

❸ 粗熱を冷ましてから、キノコを保存用のガラスびんに入れる。残りのベイリーブス（3枚程度を半分にカットし均等に分布するように入れる）、タカノツメを入れて、ビンの口までいっぱいにオイルを足して充たす。

❹ キノコを食べて残ったオイルはキノコの味がしみこみ、ベイリーブスの香りが移り美味しくそれだけでも十分楽しめる。そのままフランスパンにつけても良いし、またドレッシングに使っても良い。

　冷蔵庫に入れておけば、1年以上保存可能であるが、あまり早く開けるとベイリーブスの香りがオイルに移らず風味が減ずるので、2ヶ月は我慢する。

　好みによりオイルをオリーブオイルにしてもよいが、オリーブの香りがきつくキノコの風味が楽しめない場合があるので、ここではニュートラルなグレープシードオイルを使うことをお薦めする。

野草のあれこれ

● ヒラタケを美味しく

　なお、天然のヒラタケには、最近ヒラタケシラコブ線虫の寄生により、ひだに白いこぶ状の塊が多数発生する病気（ヒラタケシラコブ病）に侵されるものが多い。食べても無害であるので、丁寧にとり除けば全く問題はない。線虫はほだ木を通して栽培品にも蔓延し、商品としてのヒラタケはそのためほとんど店頭から消え、代わってヒラタケと同じ科の外国種のエリンギが売られているのはこのためである。上の料理法は、そのままエリンギにも応用で来る。ただし、エリンギはヒラタケに比べて固く、またキノコ味がやや薄い欠点がある。これをキノコ料理の奥の手である、電子レンジで予備加熱を十分（時間は、キノコの量によるので、各自試みること）すると、美味しいキノコ味が生まれる。

ヒラタケ（カンタケ）

【料理法】ヒラタケのマリネ

　オイル漬けは、油を取りすぎるきらいがあるので健康上食べられないという方には、オイルを最小限に抑えたマリネをお薦めする。使う材料はオイル漬け（135ページ）のレシピと同じであるが、前処理が少し違う。

スーパーマーケットでは手に入らない大きな株（これで約500g）。汚れがつかないように丁寧に採取して、キッチンペーパーで表面をよく拭っておく。汚れてしまったものは、丁寧にごみを落として軽く水洗いをして乾かしておく。

2～3切れ程度にカットして、塩を黒コショウ粗挽きを振っておく。フライパンにサラダオイル、またはグレープシードオイルを大さじ3杯ほどを入れて、ベイリーブスの生葉（乾燥葉でもよい）3枚とともに、キノコの表面に焦げ目がつく程度によく炒める。

[作り方]

❶オイル漬け（135ページ）と同様になるべく大きくカットしたキノコを、グリルで表面にすこし焦げ色がつく程度まで焼く。水分が飛び、さらに味細胞を包む細胞膜が壊れて美味しい味がキノコ全体のしみ出る。また炒める代わりに電子レンジ処理も簡単で有効である。これにも引き割り黒胡椒、塩を振りかけておく。

❷前処理が済んだキノコをあらかじめ作っておいたマリネ用のソース*をキノコがひたひたになるまで入れて保存する。米酢は日本料理用なので、むしろ穀物酢の方がこの料理には良く合う。

※マリネ用ソース（酢：オイル＝8：2に白ワインをその1/4ほど加え、塩、ベイリーブス、タカノツメを入れておく。なおワインのアルコールを飛ばすためには、オイルを入れる前に酢と一緒に加熱した方がよい）

❸なお、好みにより500gのキノコに対し、タマネギ1個を1/8ほどに切ったものを一緒に炒めて保存すると、タマネギの甘い風味のあるまろやかなマリネとなる。
　タマネギが苦手の向きには、少し贅沢であるが、赤い万願寺トウガラシをさっと茹でたものを一緒に漬け込むと、綺麗で香りのよいマリネとなる。

　広口瓶に炒めたヒラタケをベイリーフと一緒に入れて、上から穀物酢8分＋サラダオイルかグレープシードオイルを2分ほどの割合で、瓶にいっぱい入れて、きっちりと蓋をして保存する。1ヶ月以上すれば、美味しいマリネが出来上がる。

ヒラタケ（カンタケ）

【料理法】出来上がったマリネに、鶏の手羽肉を漬け込む特別料理

できあがり食べごろのマリネにさらにひと手間かけて、美味しいマリネを作る方法がある。キノコマリネの分量で300g程度のマリネに鶏の手羽先肉4本程度を漬け込み、2週間ほど冷蔵庫で保存すると、手羽先の細い骨も柔らかくなり、大変美味しいキノコ・手羽先肉マリネが出来上がる。

手羽先肉の前処理は、先端を切り分け、手羽中は骨を注意深く取り除く。これらを一緒によく茹でてあくをとり、さらにお湯でよく洗い水切りしたものを漬け込む。先端の骨は取り除かなくても十分柔らかくなり、コラーゲンいっぱいの美容食となる。

[作り方]

❶作っておいたヒラタケのマリネ（4本の手羽先に対して、300～500gほど）を新しいガラス瓶に小分けしておく。ここでは、万願寺トウガラシも一緒に漬けてある。鶏の手羽先をよく水洗いしておく。

❷手羽先を切り離すが、骨は残しておく。手羽中は骨を外しておく。この骨はピクルスには使わない。鍋で茹でながら、浮かんだアクを丁寧に取り、茹であがったら網かごに入れて、さらに湯で洗い水をよく切っておく。

❸茹でておいた手羽先をヒラタケマリネに漬け込んで、酢を瓶の口まで足して、蓋をきっちりとして冷蔵庫で2週間ほど保存すれば、手羽先の骨は柔らかくなり、そのまま食べられる。キノコと鶏肉との味が互いに浸み込んで美味しい味のハーモニーを生み出す。ヒラタケマリネと一緒に漬けておいた手羽肉に、これも一緒に漬けておいた万願寺トウガラシを彩りに添えてお皿に盛れば、ビールも進む。

【料理法】ヒラタケの醤油炊き

[材料基準量]

ヒラタケ生…500g
淡口醤油…1/4カップ
濃い口醤油…1/4カップ
日本酒…1カップ
ミリン…1/4カップ
粉末鰹だし…2～3g（市販のもの1/2～1袋）
昆布…2cm角程度のもの20枚

[作り方]

鍋に日本酒とミリンを入れて沸騰させてアルコールを飛ばしておく。鰹だしを入れ、昆布、醤油、キノコを入れて、中火でゆっくりと煮て、鍋の底に汁がわずかに残る程度まで煮つめたら出来上がり。上に述べたように、あらかじめ焼いておいたヒラタケを使うと味がよい（市販の栽培品でもなるべく大サイズのものを選び、焼いて使っても良い）。キノコから水が出るので、水を加える必要はない。

63　エノキダケ

エノキダケ
キシメジ科エノキダケ属 *(Flammulina velutipes)*

コナラの切株に発生（1月10日）。
3年ほど続いて発生した後、切株は崩壊した。また新しい切株を探す。

　人工栽培のエノキダケしか見たことがない人が90％以上ではないかと思うほど、天然のエノキダケはお目にかかれない。というのも天然のエノキダケは、ヒラタケより一層期間限定の真冬のキノコで、栽培品の白いモヤシとは似て似つかぬ焦げ茶色の立派な中型キノコだから、季節外れに枯れ木に生えていても気味悪がるだけで、だれもそれがエノキダケとは気がつかない。

> 【料理法】クリームシチュウにおすすめ
> 　少量の天然ものを見つけたら、味噌汁の実、和え物、炊き合わせなど日本料理が一番合う。しかし、うまく行き当たれば、500gほどの塊が見つかることもある。この時は、エノキダケのみのクリームシチュウをお薦めである。こくのあるこのキノコの味を本当に楽しむ第一番の料理である。見つけたら真っ先に試してほしい。

64　アラゲキクラゲ

アラゲキクラゲ
キクラゲ科 *(Auricularia polytricha)*
エノキの切株に生えたもの（1月14日）。自然の切株に発生したものは乾いていても、採取して水でよく戻せば十分美味しい。

　もっぱら栽培の乾燥品しか知らない人が多いが、里山の枯れ木を掃除する大切な生物循環の一員。秋から冬、また5〜6月の梅雨の頃にかけて大木の枯れ木、倒木にそこそこの大きさの株が発生する。野生のものを見つけたら、ゴミやカビを丁寧に洗って一晩水につけて戻しておくと柔らかくなり食べやすくなる。ひと晩たっても水を含まず柔らかくならないものは、すでに役目を終えた老菌である。食べても美味しくはないので使わない。たくさん採れたら、乾燥保存するよりも、水に戻したものを電子レンジで加熱したあと冷凍保存しておくと便利である。

アラゲキクラゲ

中華料理一辺倒の利用見直しをお薦め

【料理法】アラゲキクラゲのフリッター

　冷凍保存しておいたアラゲキクラゲを解凍して、水で十分もどしておき、これに塩と黒粒コショウの粗挽きとを振って、片栗粉を軽くまぶしておく。

　フライパンにやや多めにサラダオイルをひき炒める。ビールの友にはぴったりのフリッターの出来上がり。

【料理法】アラゲキクラゲの醬油煮

［材料基準量］
よく水を絞ったアラゲキクラゲ…800g
日本酒…300mℓ
ミリン…100mℓ
角切り昆布…30g
濃口醤油…100mℓ
粉末カツオだし…2g

［作り方］
日本酒とミリンとを煮立たせアルコールを飛ばしたら、昆布、カツオだし、醬油を入れ、そこにキクラゲを入れて、弱火で十分よく煮る。水は加えない。少しだし汁が残る程度で、火を止める。

65 キクラゲ

キクラゲ
キクラゲ科 *(Auricularia auricula)*
キクラゲの中でも最上等のものは、クスノキの大木の切り倒し材に発生したもので、この図のように綺麗な褐色である（5月10日）。

こちらは冬にはあまり発生しない。5〜6月の梅雨時の雨を受けて耳たぶのような柔らかいキクラゲが大発生することがある。およそ他のキノコがつかないクスノキのうろ、また倒木に発生するキクラゲはとりわけ大きく柔らかである。3〜4年は同じ場所に発生する。木の上で乾いたものも一晩水に浸ければ、柔らかく生の状態に戻るので、一度水に戻して柔らかくしたものを料理に使う。

【料理法】キクラゲの刺身

　柔らかく戻したキクラゲを一度さっとお湯にくぐらせて、冷やしておく。これを適当な大きさに切りわさび醤油で刺身として食べると、ぷりぷりとした食味がすばらしい、珍しいキノコの刺身となる。だれもが驚く天然キクラゲの新しい食べ方である。初夏が旬のキクラゲなので、キウリと一緒に食べれば、夏の夜の冷酒が一段と美味しい。

三陸沖のとれたての生のホヤをキウリと一緒に食べる東北地方の夏の料理に負けない美味しい一品。

【料理法】キクラゲと油揚げの炊き合わせ

[材料基準量]
洗って戻したキクラゲ（よく水を切ったもの）…500g
油揚げ…大1枚半
日本酒…1/2カップ
ミリン…大さじ1
淡口醤油…1/2カップ
粉末かつおだし…1袋（4g）
水…1/2カップ

[作り方]
だし汁をよく煮立てた後、油揚げとキクラゲを入れて、煮汁が鍋の底にすれすれになる程度までゆっくりと煮る。柔らかいキクラゲに油揚げの味がしみこんだ美味しい炊き合わせとなる。アラゲキクラゲとは違った、柔らかい食感を大事にするため、少し水も入れ、煮つめずにだし汁を少し残したところで、火を止める。

刺身に使わなかった、小さなキノコ、少しちぎれてしまったキノコは、油揚げと一緒に淡口醤油で炊けば、これも、お酒、ご飯の美味しいお供。ひとつの材料で二つの味の贅沢。

韓国の山菜文化

　日本と同様、近世まで「農本主義」を基本としていたお隣の韓国（朝鮮）は、農作物と並んで、多くの山菜を食用とする伝統があるといわれている。
　韓国では今でも20種類ほどの山菜が伝統的に利用され、積極的に栽培までされている*。日本の「山菜食文化」と比べるとびっくりするような植物が、食膳に上る。そのうちのいくつかを紹介しよう。

【韓国の山菜料理①】
メタカラコウ
キク科メタカラコウ属 *(Ligularia stenocephala)*

　比較的高い山地に生えるが、奥山から里山の渓流沿いに生えるオタカラコウとともに、韓国では栽培までされる美癖味しい野菜である。どちらも春先の柔らかい茎は、フキよりもやや香りに癖があるが、試みに皮をむいて、みそ漬けにして試食をしたらなかなか美味しかった。韓国では、この他、ヨメナの項で紹介した、シラヤマギク、アキノキリンソウの仲間のミヤマアキノキリンソウ、ヤクシソウ属のチョウセンヤクシソウなどのキク科の植物を栽培して盛んに利用する。いずれも香りが強く、韓国と日本との間の味覚の違いがよくわかる。

【韓国の山菜料理②】
ツルニンジン
キキョウ科ツルニンジン属 *(Codonopsis lanceolata)*

　韓国の山菜で、さらに有名な植物は、ツルニンジンである。日本の里山にはやや普通に生える。やや大きな釣鐘のような花を、つるからぶら下げて咲く様子はなかなか風情がある。日本ではキキョウの仲間は、春に紹介したツリガネニンジンの若葉を賞味するが、ツルニンジンは食べない。食べるところは根茎である。韓国では、王宮料理として使われていたというが、採りすぎて、自然では姿を消してしまい、その栽培が大々的に行われて、ツルニンジン酒、キムチ漬けが人気の商品となっている。

＊参考文献…龍谷大学「里山学・地域共生学　オープン・リサーチ・センター」2006年度報告書「里山から見える世界」、「韓国における里山の山菜・雑穀利用とそれに関わる文化」パク・チョルホ、国際シンポジウム「里山とはなにか　自然と文化多様性」2006年12月

付録 ❸

毒キノコ

上に紹介した、天然キノコはきちんと調理したら、大変美味しく、これらのキノコを見つけて採取する喜びは、あらゆる「狩もの・採りもの」の中で最大の楽しみである。しかし、この楽しみはまた、一歩間違えば、命を落とす危険が待ち構えている。それが命をも落とす毒キノコの存在である。キノコ狩りは決して初心者がひとりで行ってはならない。必ず、上級者の指導のもとに楽しむことが肝心である。また、上級者といえども、決して「初めて見るキノコ」を、きちんと調べたうえで、種を確認してからでないと食べてはいけない。

幸い、日本には、優れた絵、写真による、素晴らしい原色「キノコ図鑑」が数種類出版されている[17]。また、その道の達人たちの手による「日本の毒キノコ」[16]が出版されている。これからキノコ狩りを楽しもうとする人は、必ずしも安くはないこれらの図鑑を必ず手元に置いて、常に勉強をしなければならない。

毒キノコの詳細は、それらの図鑑、図書に委ねるとして、ここでは里山に普通の致死的な毒をもつ、3種類の毒キノコを紹介しよう。

【毒キノコ❶】ドクツルタケ

テングタケ科テングタケ属 *(Amanita virosa)*

これまで知られていたもっとも有名な毒キノコが、テングタケの仲間の純白のドクツルタケである（9月13日）。テングタケ科共通の、根元の「ツボ」と傘の裏から出る「ツバ：スカート」を持つ。軸は中空で、俗説の「軸が中空のキノコは食べられる」を吹き飛ばす。

【毒キノコ❷】 フクロツルタケ
テングタケ科テングタケ属 *(Amanita volvata)*

　落葉樹の里山に普通に発生するやや小型の猛毒のキノコ。このキノコは、傘の下に「スカート」はないが、根元のツボは大きく、傘の表面はツボから傘が出るときについたかけらが一杯である（10月2日）。まず、キノコ図鑑で、「テングタケ科」の主要なキノコを覚えよう。

【毒キノコ❸】 カエンタケ
ニクザキン（肉座菌）科 *(Podostroma cornu-damae)*

里山に発生したカエンタケ（8月27日）。小さなサンゴのような、一見可愛らしい綺麗なキノコ。

　日本でもっとも恐ろしい毒キノコを紹介しよう。それが、コナラが枯れる「ナラ枯れ」が進行する各地の里山で急速に発生が見られる、カエンタケである。どうやら、ナラ枯れを呼ぶ、カシノキノナガキクイムシが運んだ菌類に、カエンタケが格好の栄養源を見出して元気を取り戻し顔を出しているという説もあるが、まだ詳しいことはわかっていない。江戸時代末の博物学者、岩崎灌園の「草木図譜」にも、大毒のキノコとして紹介される古くから知られていた猛毒キノコである。このキノコは手に触れても皮膚がやけどのようにただれて広がる、と言われている。見つけても絶対に手で触れたり、顔を近づけたりしてはいけない。

江戸時代の農学者・本草学者による
「食べられる山菜」書

　ヨーロッパ流の「自然史：ナチュラルヒストリー」に対応する東洋の学問は、古代中国に発する「本草学」である。巨大な中国文化の懐に抱かれていた日本が、独自の「日本の本草学」を立てるのは、貝原益軒による宝永5(1708)年刊の「大和本草」を嚆矢とする。以後、日本の本草学は、中国の植物ではなく、日本の植物の観察と分析に基づいた自前の本草学を持つことになった。農業を経済の基本とする日本で、中国の「農政全書」を手本としつつ、日本の農業の実態の深い観察と分析とにより、貝原益軒の同僚であった宮崎安貞が、日本の初の本格的農業指導の大書「農業全書」[2]を著したのは、大和本草の出版に10年余先立つ、元禄10(1697)年であった。二人の巨人はともに福岡藩の中級武士として、もっぱら学問に従事し、終生友情と学問的協力を惜しまなかった。

　農業全書、また貝原益軒の著書「菜譜」[7]には、栽培野菜だけでなく、多くの山菜・野草の有効利用が説かれている。飢饉の続いたその後の江戸時代の「救荒植物書」（例えば、[18]）の元祖ともいえる。

　以下に、宮崎安貞の農業全書（全書と記す）、貝原益軒の「菜譜：正徳4(1711)年刊、菜と記す」に記載されている食べられる野生植物を紹介しよう。

- ●菜之類…みょうが（全書・菜）、ふき（全書・菜）、ごま（全書）、すべりひゆ（全書・菜）、たんぽぽ（全書・菜）、ゆり（巻丹：おにゆり、全書・菜）、うど（全書・菜）、なずな（全書・菜）、あかざ（全書・菜）、浜ぼうふう（全書・菜）
- ●山野菜之類…せり（全書・菜）、みつばぜり（全書・菜）、たで（全書・菜）、かわぢしゃ（全書・菜）、くろくわい（全書、菜）、おにあざみ（あざみの中で特に大きいもの：全書・菜）、にがな（全書、菜）、わらび（全書・菜）、ぜんまい（全書・菜）、いので（菜）、つくし（全書・菜）、またたび（菜）、よめがはぎ（よめなの古称：菜）、たびらこ（全書・菜）、ははこぐさ（全書・菜）、やまのいも（むかごを含む：全書・菜）、わさび（菜）、さわあざみ（菜）、かんぞう（菜）、よもぎ（菜）、ががいも（菜）
- ●水菜類…ひし（菜）、おにばす（みずぶき：菜）、ひし（菜）、なぎ（菜）、河苔（菜）
- ●菓木之類…はしばみ（全書）、やまもも（全書）、かや（全書）
- ●木類…くこ（菜）、うこぎ（菜）、りょうぶ（菜）、たらのき（菜）

【有毒植物】

　野の糧と言っても、すべてが安全で食べられるわけではないことは自明である。本書では、紙数の関係もあって、絵とともに紹介したものは、ドクゼリを含めて10種類の有毒植物と3種類の毒キノコのみであるが、もちろん有毒植物はこれだけではない。飢饉のために野草、山菜を食べざるを得なかった江戸時代には有毒植物を食べて命を落とさないようにと「救荒書」とともに、数種の有毒植物の図説が出版されている。文政10(1827)年、「草木性譜」[19]とともに刊行された、清原重巨著の「有毒草木図説」、は、中国の本草書、李時珍の「本草綱目」を下敷きに、日本の植物に当てはめた毒草を詳細な絵と共に著したもので、明治はじめに至るまで少なくとも3回の版を重ね、またそのダイジェスト版が、後に天保5(1834)年刊、大蔵永常著「農家心得草」[20]の中の「有毒草木の事」に採録され、これも広く世に行われた。

　清原本には、有毒植物94種、小毒植物28種が詳細な絵と共に紹介されているが、その中には、タラノキ、ドクダミ、ツルナ、タケノコ、セリ、ミョウガ、ノビル、イタドリ、ギボウシ、ヤブカンゾウ、ツワブキなど、有毒ではない種も多く含まれるが、身近なムラサキケマン、タケニグサに始まり、猛毒のドクウツギ、トリカブト、ツタウルシ、アセビ、シキミ、キョウチクトウ、レンゲツツジ、ドクゼリ、ハシリドコロなどが記載されている。またミツバによく似た、タガラシとキンポウゲ(ウマノアシガタ)、またコンニャクの仲間のウラシマソウなどのごく身近な有毒植物を多数紹介している。原書は稀覯本ではあるが、遠藤正春解説による復刻本が、1989年八坂書房より出版されている。

　以上のほかに、野草・山菜採りでよく間違う有毒植物として、ヒヨドリジョウゴ、アゼムシロ、サワギキョウ、クサノオウ、トリカブト(ニリンソウとしばしば間違う)、キツネノボタン(ミツバと間違う)、など多数ある。

　また、ななえやえ……のヤマブキ(Kerria japonica)をヤマフキとまちがえると、とんだ災難が待ち受ける。山の渓流に生える黄色の山吹は、まちがって食べると腹痛や下痢を引き起こすので食べられない。第2次大戦中に陸軍獣医学校が編集した毎日新聞社刊の「食べられる野草」[21]にヤマブキを食用とした間違いが、いまでも時々亡霊のように顔を出し、山菜レストランで食中毒が起きることがあるので注意が必要である。

　私たちも、身近な植物をよく学ばずに、いたずらに採って食べてはならない。

3.11 福島第一原子力発電所メルトダウンと東北地方山菜・キノコ文化の崩壊

　野草・山菜を育てる、野原、田、里山が各地で放置と崩壊にさらされていることは、今や誰にでも知られているところである。筆者の住む、県庁所在地大津市は、全国で稀な人口増加の都市であるが、その結果として、急速に田、畠、丘陵地帯が宅地化され、植物の生息域が失われている。里山の崩壊は、放置、宅地化、ゴルフ場開発が主要な原因であったが、それでもまだ、放置林の周囲、残りの田畑の周囲にはわずかながら、日本在来の植物とそれらに依拠する虫たち、鳥たちが息づいている。

　しかし、2011年3月11日、東北と関東北部を襲った東日本大地震と巨大津波と、引き続いて起こった東京電力福島第一原子力発電所のメルトダウンは、上の全ての里山崩壊の規模を超える。未だにその影響の大きさを推定することすらできない、大規模な環境破壊をもたらしている。

　事故から2年後の2013年、4月〜8月に、宮城県気仙沼地域の矢越山の広葉樹の森における放射能測定を行った河野益近さんの「森に降り注いだ放射性物質の挙動」[24]による、生物、とくに植物に取り込まれ、半減期30年の放射性セシウム（Cs137）の測定結果から、「豊かな森は放射性セシウムをその内部に閉じ込め、河川への流出を防ぎ、放射線量も低減させてくれる」、「腐葉土に放射性セシウムが捕捉され*…、広葉樹の森が長期間にわたり放射性セシウムを保持し生活圏からこれを隔離してくれる」、として、森が生活圏への放射能の拡散のフィルターの役目を担っていることを述べ、これから始まるであろう、東北沿岸一帯における大規模堤防工事に必要な土砂採取のために、手近な森を破壊しセシウムを海へと流し出す大規模工事への警鐘を鳴らしている。

　これを、セシウムを無理やり持ち込まれてしまった森から見れば、森に生きるあらゆる生き物へのとんでもない厄災が降り注いだことを意味している。セシウムは、植物の成長の必須元素であるカリウムと同じ化学的挙動のために、植物に取り込まれることはよく知られている。とくに、発生から急に大きく子実体が成長するキノ

コは、そのため必要とするカリウムを大量に取り込み、結果としてカリウムを沢山含む健康食品であるが、カリウムと間違えて放射性セシウムを取り込んだら、健康食品ではなくなる。

1986年のチェルノブイリ原発事故で、現地以外でもっとも多量の放射性物質が降り注いだ隣のベラルーシでは1989年に「きのこと放射能」と題して、市民にキノコ採取への警告を発した放射能汚染地図を市民に公開し、ベラルーシ国土のうち、キノコ採取全面禁止11.8%を含む46.3%におよぶ面積をもつ地域でのキノコ採取を控えるよう呼びかけている（「物理学者の社会的責任」サーキュラー、科学・社会・人間、31号、1991年1月1日号に筆者のよる翻訳、解説を掲載）。チェルノブイリのセシウムをはじめとする放射性元素は、中部・北部のヨーロッパにも広く降下し、ドイツ、北欧でさえ、今でもキノコ採取禁止区域が残る。

朝日新聞2014年3月5日大阪本社版朝刊：いま伝えたい「千人の声」2014：の記事は、いわき市に住む小林信一さんの次のような声を伝える。

「退職後農業をしながら山林を手入れし、山菜やキノコを採り、釣りやイノシシ狩りをする。そんな夢が、原発事故で取り上げられてしまった」。

3.11原発事故は、東北地方の「豊かな森の恵み」を人びとの生活から奪っているのである。

※同論文掲載の測定値によれば、2013年4月18日の矢越山の3地点の地上1mの空間線量は：0.23~0.28 μ Sv/h、地表：0.17~0.37 μ Svであった。年間線量は、それぞれ、2.0～2.45ミリシーベルト、1.49～3.24ミリシーベルト、となる。原発事故被災地が求めている除染の目標値：年間1ミリシーベルト以下の値となるのは、今から30年以上を要する。

あとがき

　日本列島は年間平均降水量1700mmの豊かな雨（雪）に恵まれる。豊かな水のもと、東の落葉樹林帯と、西の照葉樹林帯とが全土にわたり適度に混じり合い、変化に富む植物相が日本列島の独自の植物群を生み出している。豊な植物の存在は日本に世界でも抜きんでた菜食中心の食文化をもたらした。

　先に紹介したように、江戸元禄時代の大農学者である宮崎安貞の「農業全書」[2]、同時代宮崎安貞の同僚で漢学の師であった、貝原益軒の「菜譜」[7]には、栽培野菜のほかに、多くの野草、山菜を「食べられる菜」として記載する。身近な野草、山菜もまた珍味ではなく、生きる糧として使われていたことが分かる。開発しつくされた大都市周辺からは、さすがに多くの植物が消えているとはいえ、地方の都市、農業地域には、まだいくらでも、江戸の昔私たちの祖先が生きる糧とした植物がある。自然の中に放置されても、毎年新たに芽を出し、実を実らせる植物がこれほど多く身近にある「工業国」は、広大な原野が残る北米・ロシアと、日本ぐらいではないか。

　古くは、続く飢饉に悩まされた江戸時代に、窮民を救うために出版された「救荒植物」の書物[18-20]の伝統をもつ日本では、第2次大戦敗戦後の平和な時代になると、今度は楽しむための食べられる野草・山菜の案内書が数多く出版されている[21-23]。いずれも確かな植物知識に裏付けられた楽しい書物である。本書を書くにあたっても、多くのことを教えられ、いくつかは本書の料理解説にも使わせていただいている。これになにを今さら付け加えるのか、本書の意味はなにか。

　ひとつは、これまでの諸本にはともすれば欠けている、より具体的に野草、山菜の味と香りとをできるだけそのままに味わうレシピを紹介しているところである。

　さらに付け加えれば、本書ではどの山菜料理の本でも真っ先に推薦される天ぷら料理を、辛み、エグ味のある一部の山菜を除いてレシピに挙げていないことである。

　油を使う料理は炒め物と素材の香りを引き出すための前処理とし

ての油炒め、またキノコのオイル漬けなどわずかである。

　筆者の経験による独断と偏見とによれば、素人料理の天ぷらほど、素材の味を壊す料理はない。野草・山菜の多くは繊細な味と香りをもつ。それらをただ油まみれの厚い衣の中に閉じ込めるのは料理とは言えない。どのように植物の命を生かし、野草・山菜からその本来の味を頂くかを工夫することこそ、「頂きます」の言葉にふさわしい。これが本書を貫く意図と受け取って頂ければ、数多くの先輩たちの山菜料理本に加えて、あえて本書を書く意味をお分かりいただけるものと考える。

　本書は、筆者が勤務していた龍谷大学の「自然観察講座」、また大津市内各所の公民館でほぼ15年間、折々の講座で市民に紹介し、ともに味を試し、幸いにも大変好評であった、野草、山菜、木の実、キノコ、花のお酒などのレシピをもとに、さらにこれもまた講座の折々に披露した植物の絵を附し、時に古きを温（たず）ねながら、新たに書き下ろしたもので、「料理本」でもない、「植物画集」でもない、「植物絵入り野草・山菜民俗料理ノオト」とでも言ったらよいハイブリッド本である。なお、本書のレシピと植物画の一部は、朝日新聞の滋賀県版宣伝紙であった「あいあい AI 滋賀」に、「里山の恵み」と題して、絵と共に、2009年4月から12月にわたり連載した。

　少年時代を除けば筆者のフィールドは大阪、兵庫、滋賀、京都であるので、ここでは近畿地方の里山から、田の畦、河原、野原から丘陵地帯で容易に採取できる山菜、キノコ類の記載に偏り、またその調理法も、ヨーロッパ風のキノコ料理を除けば、おもに関西地方の料理の味に準じていることをお断りしておく。しかし南北に長い日本列島とはいえ、ここに挙げた多くの植物とキノコとは近畿地方に固有というわけではない。多くはほぼ日本列島に共通の植物・キノコとして差支えない。違いがあるとすれば、ただどれほど、私たちの回りに野原・里山・山地が残っているかの違いである。この本が、自然の味を楽しみ、美味しい料理を楽しみたいと願う山菜ファンのお役に少しでもたてば幸いである。

謝辞

　前著「里山百花」に続いて、今回もサンライズ出版にお願いして、筆者の趣味を皆様にご披露させていただくことになりました。あとがきにも記したように、本書はおおよそ15年にわたり、筆者の「自然を食べる」道楽に、「身体をはった」お付き合いを頂いた多くの皆様のおかげで出来上がったことにまず感謝を申し上げます。

　出版をお引き受け頂いたサンライズ出版には、出版の常識をわきまえない筆者の思い込みによる無理な注文に、辛抱強くお付き合い頂き、料理写真の追加などの貴重な提案も頂き、講習会のテキストに始まったラフな原稿を、立派な本に作り上げていただき、深く感謝いたします。

■文　献

[1] 都林泉名勝図会：秋里籠島編、寛政 11（1799）年、吉野屋、須原屋版。図は、手元の後刷版から作図。
[2] 農業全書：宮崎安貞、貝原楽軒刪補、初版元禄 9（1697）年刊。献上本と流布本とがある。江戸時代の最良の農業指導書との評価が定まり、その後も多数の後刷り、改版本が出版された古典中の古典。この中の巻之五、山野菜之類として、17 種類の山野菜起源の農作物の栽培法、効用を説く。今では立派な商業用野菜となっているものもあるが、タンポポや、アザミ、ハハコグサなども紹介され栽培が奨励されている。以下の翻刻版がある。土屋喬雄校訂、岩波文庫、および日本農業全書、農文協版（第 12、13 巻）。本書の図は、享保後刷り本による。
[3] 日本帰化植物写真図鑑　清水矩宏、森田弘彦、廣田伸七、農文協、2001 年
[4] 新訂　一茶俳句集：丸山一彦校注、岩波文庫、1998 年
[5] 別冊：太陽、日本のこころシリーズ　料理、平凡社、1976 年
[6] Wild Food：Roger Phillips, Pan Books, 1983．野草の料理はなにも日本独自のものではない。ロンドン訪問の折に大英図書館の書店で思いがけない本に巡り合った。それが本書である。イギリス、ヨーロッパに生える普通の食べられる野草、野生のキノコの料理を独自のレシピにより紹介する大変楽しい大型の本である。中には、タンポポ料理に、Nitsuke, Ohitashi, Goma-ai まで紹介される。
[7] 菜譜：貝原益軒、正徳 4（1714）年刊の翻刻版、生活の古典双書 7、「花譜・菜譜」八坂書房、1973 年による。
[8] 絵本野山草：橘保國、宝暦五（1755）年刊。図は手元の宝暦版の合本版から。本書は平野満校訂、岩佐亮二解説により、生活の古典双書として、八坂書房より、翻刻版が出版されている、1982 年。
[9] FLOLA JAPONICA：Carl Peter THUNBERG, ORIOLE EDITIONS, 1975, Facsimile of The First Edition of 1784
[10] 日本山海名産図会：法橋関月書画、寛政十（1798）年刊。図は手元の須原屋後刷版から作図。社会思想社から、「日本山海名産名物図会」注解千葉徳爾、として翻刻版が出版されている、1970 年。
[11] 検索入門　薬草：御影雅幸・吉光見稚代、保育社、1996 年
[12] 牧野富太郎選集 1：1970 年、東京美術刊
[13] Wild Flowers of Britain：Roger Phillips, Pan Books, 8th printing, 1980
[14] Sornije Rasteniya：A.V.Fisyunov, Kolos, Moskva, 1984,「雑草」、ロシア語
[15] Flora Britannica：Richard Mabey, Chatto&Windus, London,1996, p.256.
[16] 日本の毒きのこ：長沢栄史監修、Gakken, 2003 年
[17] 日本のきのこ：今関六也、大谷吉雄、本郷次雄編、山渓カラー名鑑、山と渓谷社、1988 年

[18] 備荒草木図：建部清庵、天保4（1833）年刊。翻刻版：日本農業全書、農文協、1996年。同著者による「民間備考録」。明和8（1771）年刊の補遺として植物図を付して読みやすくした本。江戸時代に多発した飢饉に際して、野草、山菜を救荒食物として利用するための啓蒙書。両書合わせて、もっとも初期の体系的な野草の用を説いた書物であろう。
[19] 草木性譜・有毒草木図説：清原重巨、文政10（1827）年、遠藤正春解説による翻刻本が、1989年八坂書房より出版されている。
[20] 農家心得草：大蔵永常、天保5（1834）年、翻刻版：日本農業全書、農文協、1996年。
[21] 食べられる野草：陸軍獣医学校研究部編、毎日新聞社、1943年。明治以後の軍事大国化が招いた国家の破たんは、陸軍獣医学校編集の本書にも明らかであった。1868年から75年後、市民の食料を確保できなくなった言い訳に出版されたとしか思われない。[7]の出版後110年、さすがに科学の装いをもって記されてはいるが、民衆の救荒書であることには違いはない。しかし米軍の空襲の中、東京郊外でさえのんびりと野草摘みをする間もない戦時中に、この書がどれだけ役に立ったかは疑問である。筆者の少年の頃の経験でいえば、この書が役にたったのは、敗戦後食糧難に直面した庶民の食卓であった。
[22] 山菜全科：清水大典、家の光協会、1967年。植物画の名手によるペン書きの植物画入りの詳細な山菜入門書。有毒植物の解説もあり、有用な書物である。料理法全般についても説明があるが、個々の山野草の具体的なレシピにやや欠けるので、料理法に不慣れな若い人には、とっつきにくいかもしれない。
[23] 早わかり食べられる山野草12ヶ月：主婦と生活社刊、1987年。この出版社らしいカラー写真入りの、山菜から野生のキノコに至る盛りだくさんのアウトドア料理のハウツー本。
[24] 森に降り注いだ放射性物質の挙動：河野益近、「海洋と生物209」、第35巻.2013, 6号、p.561

INDEX　本書掲載調理レシピ

【ア行】

アカザ・シロザの若葉の汁の実・サラダ …69
アカメガシワの葉のお茶 ……………………80
アカモミタケご飯 ………………………… 129
アカヤマドリノシチュウなど ………… 124
あつあつポテトのキノコピクルスタルタル
ソース添え ………………………………… 120
アミガサタケのオイル・バター炒め … 114
アミガサタケのオイル漬け ……………… 114
アミタケの醤油炊き ……………………… 117
アラゲキクラゲのフリッター …………… 142
アラゲキクラゲの醤油煮 ………………… 142
ウドの若葉・若葉の炊きもの ……………68
ウワミズザクラの花のシロップ …………47
ウワミズザクラ花酒 ………………………47
エゴマの若い実のつくだに ………………87
エゴマの若い葉と味噌の練り物 …………86
エゴマ味噌と豚肉の炒めもの ……………86

【カ行】

ガマズミ酒 …………………………………92
キウリ、ナスのエゴマ味噌和え …………86
キクラゲと油揚げの炊き合わせ ……… 144
キクラゲの刺身 …………………………… 144
キノコご飯の炊き方（共通） …………… 133
キノコご飯の炊き方（共通） …………… 116
キノコのタルタルソースレシピ ……… 119
キノコの味を引き出す基本調理法 …… 114
キノコの野菜炊き合わせ・バター炒め … 128
ギボウシノ若芽の和え物、汁の実 ………36
クサギ若芽の佃煮 …………………………51

クレソンとベーコンとの炒め物 …………34
クレソンのサラダ …………………………34
紅玉リンゴのコンポート ………………… 101
コガネヤマドリのクリームシチュウ・
バター炒め ………………………………… 123
コシアブラ若芽とヒロウスの炊き合わせ…55

【サ行】

シモコシご飯 ……………………………… 135
シモコシのオリーブオイル漬け ……… 135
シャクの料理法 ……………………………16
シャシャンボのジャム…………………… 105

【タ行】

タカノツメご飯 ……………………………53
タカノツメの葉の佃煮………………………53
たけのこの酢豚 ……………………………62
タンポポと豆腐の厚揚げの炊き合わせ……23
タンポポのサラダ …………………………24
ツクシご飯 …………………………………45
ツクバネの実の炊き込みご飯 ……………97
ツリガネニンジンの若芽の和え物 ………30
ドクダミ若葉入り甘味噌 …………………38

【ナ行】

ナズナのくるみ和え ………………………12
ナズナの豆腐白和え ………………………12
ナツハゼ酒 …………………………………94
ナワシロイチゴのシロップ ………………76
南五味子酒 ………………………………… 103
ヌメリコウジタケのうま煮 …………… 122

ヌメリイグチ・チチアワタケの
ロシア風ピクルス ……………… 118
ノビルの味噌和え ………………………… 18
ノビルの鱗茎(球根)の即席漬け ……… 19

【ハ行】
ハツタケオリーブオイル漬け ………… 131
ハツタケご飯 …………………………… 131
ハルノゲシの茎と鶏肝との炊き合わせ … 26
ヒラタケのグレープシードオイル漬け … 137
ヒラタケのマリネ ……………………… 138
ヒラタケの醤油炊き …………………… 139
ビワの種子の蜂蜜漬け ………………… 78
ビワ酒 …………………………………… 78
フキの若葉の醤油炊き ………………… 21
フキ味噌 ………………………………… 21
豚肉・鶏肉のエゴマ味噌漬け ………… 86
フユイチゴのジャム・ジュース ……… 104
ベニウスタケのオムレツ ……………… 133
ベニウスタケのご飯 …………………… 133

【マ行】
マタタビ花の酒 ………………………… 60
マタタビ虫癭のピクルス ……………… 82
ムカゴご飯 ……………………………… 97

【ヤ行】
野生のブドウでジュース・果実酒を作ろう … 99
ヤブカンゾウと鶏肉との炊き合わせ … 29
ヤブカンゾウの花のサラダ …………… 71
ヤブカンゾウの茎と油揚げとの炊き合わせ … 29
ヤブカンゾウの茎のベーコン巻 ……… 28
ヤブツバキの花のシロップ …………… 49

ヨメナの白和え ………………………… 25

【ラ行】
ロシア風ワラビのサラダ ……………… 42

【ワ行】
ワラビの醤油炊き ……………………… 42

■著者紹介

江南　和幸（えなみ　かずゆき）
1940年　東京都生まれ
大阪大学大学院工学研究科修士課程修了
工学博士
大阪大学工学部助手、助教授を経て龍谷大学理工学部教授
2008年退職、同名誉教授
現在：龍谷大学　人間・科学・宗教総合研究センター（里山学研究センターおよび古典籍デジタルアーカイブ研究センター）研究フェロー

里山学関係著作
『里山百花―滋賀の里山植物記』、2003年、サンライズ出版
「里山が生んだ日本の植物文化―江戸の人びとの暮らしの中に生きた自然」：『里山学のすすめ』第3章、丸山徳次・宮浦富保編、2007年、昭和堂
「里山の恵みが支えた日本の文化」：『里山学講義』第8章、村澤真保呂・牛尾洋也・宮浦富保編、2015年、晃洋書房

里山料理ノオト

2017年10月20日　第1版第1刷発行

著　者　江南　和幸
デザイン　オプティムグラフィックス
発　行　サンライズ出版
　　　　〒522-0004
　　　　滋賀県彦根市鳥居本町655-1
　　　　TEL 0749-22-0627　FAX 0749-23-7720
　　　　http://www.sunrise-pub.co.jp/
印　刷　P-NET信州

©Kazuyuki Enami 2017　Printed in Japan
ISBN978-4-88325-627-3
定価は表紙に表示してあります
落丁・乱丁はお取り替えいたします